U0029803

阿芳的
新三杯麵粉

蔡季芳——著

三杯麵粉，
一場好玩又有趣的生活接力賽

在阿芳念書的年代，有一部極為轟動的經典港劇《上海灘》，還有一首阿芳很喜歡的經典老歌《不了情》。多年後，新媒體時代我們看到了重拍的《新上海灘》，也聽到了音韻更優雅、起落迴旋更勝老歌的《新不了情》──就是這樣的想法與領悟，讓阿芳在看完出版社編輯提給我的讀者連署，冷靜地思考了兩天後，勇敢拿起電話跟工作同仁承諾，我會重新編寫，把「三杯麵粉」寫成「新三杯麵粉」。只不過再怎樣經典的連續劇和歌曲，重新再製作都需要創新，對於阿芳來說，要將自己的舊書翻新，既要維持主題的精神，又要適應世代的變遷，還要讓曾經擁有三杯麵粉的讀者，在看完新三杯麵粉之後可以明確感受到：這確實是一本新的三杯麵粉。這是阿芳對自己最大的挑戰及期許。

如今稿子已然完成即將付印，思索多日，始終未能提筆寫下自序，這和阿芳近幾個月來整理書稿的進度完全不同。一大疊紙稿，一面是白天錄影的電視節目腳本，回收帶回家，晚上就成了沾上麵粉油脂的寫稿紙。阿芳每天利用工作空隙實做與檢查調整，不斷重複謄寫，雖然忙碌辛苦，但速度很是順暢。對照這一篇需要用文字來表達的情感序文，三杯麵粉真的是有做過就做得出來、寫得出來。

昨晚興起查看了阿芳所有出版書籍的版稅單，發現《3杯麵粉72變》是阿芳的作品中排名第二的暢銷書。依稀記得，十多年前的《3杯麵粉72變》是阿芳因為接觸電視節目，發現隨著生活型態改變，注重生活情趣的人越來越多，紛紛投入專業料理的學習，而透過電視收視的數字，看到更多的手做人口是掌管全家伙食的媽媽，為了家人的健康、生活的樂趣、還有滿足口福，而願意自己動手做。她們需要的並不是專業的烘焙理論或刁鑽的料理，而是在家運用隨手可得的食材，簡單做，全家人就能快樂吃。就是這樣的想法，讓阿芳把自己會做的麵點食譜，慢慢地全都改成了像在家裡洗米煮飯用杯量米配水的概念，以三杯麵粉的方便做法，

信手拈來就能成功。

　網路多媒體的盛行改變了許多事物，包括自古以來的紙本文化。人手一機的年代，滑動的頁面取代了印在紙上的文字圖片，也讓阿芳許多的著作隨著出版社的經營政策改變而絕版。照理說阿芳應該也要隨著世代變遷而慢慢從職場退下，卻在抱持好玩與嘗試的心態下設立的臉書粉絲專頁開啟後，又有了不同的活力。謝謝外子劉爸這幾年來陪著我一起走入廚房，開始直播做菜，也認識到更多熱愛廚房的好朋友，讓我們的生活變得好不熱鬧。本想緩步退休，卻因此變得更加忙碌精彩，而「三杯麵粉」這個詞，在阿芳的臉書園地及社團中，成了一種好玩有趣的生活接力賽。

　劉爸家的親戚每年開春都會餐敘，他們和阿芳分享說當年的《3杯麵粉72變》他們都買了兩本，因為第一本翻到頁面脫落又沾滿麵粉及油脂，是全家同樂的筆記書，用舊了所以就再買一本。這對阿芳而言是一種肯定，也讓我有了更多的方向及想法，重新編寫這一本舊中求新、新而更熱的新三杯麵粉。它就像一首大家都會唱的歌「哥哥爸爸真偉大」，歌詞旋律簡單卻經典，流傳至今也許大家都不知道作者是誰，卻都能夠朗朗上口。

　這就是新三杯麵粉的方向。書本只是一個工具，讓三杯麵粉成為一種家庭遊戲，而阿芳只是這個階段的代筆者。除了深深感謝陪我完成這一本書編寫拍攝全部過程的工作夥伴們，更期許有了這本書，熱愛飲食生活的讀者大眾都能夠是三杯麵粉的真實手做者。

用麵粉也可以玩創意

在麵粉廠工作多年，最常遇到的問題是：高、中、低筋麵粉怎麼分辨？它們各適合做什麼？這些問題阿芳老師在書中做了詳細說明。那麼我來談談小麥如何磨成高、中、低筋麵粉：不同筋性的麵粉是由不同的小麥種類所生產，現代麵粉廠利用技術再經過配粉，調製成最適用且穩定的麵粉。做什麼成品只能用指定的麵粉嗎？不一定。舉例來說，手邊若有高筋與低筋粉，要做中筋麵食時，可將兩者依比例調成中筋粉使用，只是口感會有些微不同。因此，就如同本書所教的，用量杯做度量，不要拘泥於幾公克或多少百分比，盡情發揮創意，水多了再加些麵粉、太乾了再調些水，讓我們一起玩出最佳作品。

—— 聯華實業行銷部經理黃北辰

一本傳家的食譜

與阿芳老師合作已經二十多年，亦師亦友的交情，一路走來看到的是她的認真與堅持——認真研發各種料理，堅持用最簡單的方式做出美味，在每道食譜的背後，其實是一顆不斷電的大腦加上一雙停不下來的手，時時刻刻創新與用心。不管是家庭主婦或職業婦女，照顧家人的飲食健康是很重要的責任，這幾年網路盛行，但要找到容易成功又能滿足美味的食譜並非易事。在這本食譜裡，有鉅細靡遺的示範、細心的叮嚀、實用的料理……就像阿芳老師陪在你身旁做菜一樣，如果說有一本傳家食譜，那麼《阿芳的新三杯麵粉》絕對當之無愧！

—— 鍋寶公司企劃部協理陳淑娟

讓我們一起挑戰三杯麵粉

誰說臉書的使用人數減少？每每阿芳老師直播的觀看人數都在三千人上下，我經常會點進去看並研究為何那麼受歡迎，我想主要原因是阿芳的平易近人，像鄰家媽媽在教你做菜；除了家常菜，還有栗子飯、花生糖等等，總是能夠刺激大家動手試試看。而麵粉料理更是大家愛挑戰的項目，看直播不夠，現在阿芳老師把食譜整理成冊，詳細的步驟照片讓讀者方便跟著做。祝《阿芳的新三杯麵粉》大賣，也祝各位讀者挑戰三杯麵粉成功！

—— 奧利塔品油師 Ellen Wu

曾經吃飯聊天的廚房，成了最專業的拍攝現場！

看似輕鬆的氣氛，其實每個人都繃緊神經，謹守細節、堅守崗位。神廚等級的阿芳老師親手操作每個步驟，每道食譜按部就班完成，絕對沒有偷吃步。老師忙碌之餘，還照顧工作人員的肚子，每個人進門時，老師滿手麵糊還是不忘問一句：「吃飯了沒？」一般的工作現場大多是叫外賣趕進度，但阿芳老師展現料理職人的精神，三餐親自開伙，讓大家工作中依然能吃上熱騰騰的飯菜。有機會參與拍攝過程，在現場跟老師學習，真的非常幸運。《阿芳的新三杯麵粉》品項豐富多元，步驟清楚完整，想要在家做出幸福的滋味嗎？跟著阿芳做就對了。

—— 萬記貿易行銷經理李環羽

食物分享，是一種快樂

這是拍攝三杯麵粉的過程中，我們深深的感受。阿芳老師對待食物的態度、精神和毅力，讓工作夥伴們即使每天十幾個小時的工作，卻不會感到累，而是滿滿的幸福和成就感。記得拍攝最後一道食譜時，老師的手被燙傷了，她卻擔心延宕進度而忍痛完成才冰敷。此外，流程忙碌之餘，老師從不怠慢大夥兒的肚子，時時關心每個工作人員（我們都吃得肚子鼓鼓的），雖然工作腳步緊湊，大家心裡很愉快又充滿戰鬥力。非常榮幸參與這次三杯麵粉的製作，更開心可以成為幸福團隊的一員。

—— 《阿芳的新三杯麵粉》攝影阿創美芳

從三杯感受手做的魅力

我是從西點展開手做之路，製作西點很重視那幾克幾克的分量，因為備料差一點，出來的成品往往會出乎意料。但是四年前跟拍《阿芳老師手做美食全紀錄》三本書之後，顛覆我對量杯與量匙的概念，我才發現原來手做也可以應用容量的概念，做出信手拈來的好味道。從讀者們許願三杯麵粉重新出版，到食譜對稿與實際手做，以及參與食譜的拍攝過程，我見識到阿芳老師過人的毅力；當然，實際參與這本書的誕生，也讓我見識到「三杯」的魅力。喜愛手做的你們，讓我們一起從《阿芳的新三杯麵粉》中感受手做的魅力吧！

—— 阿芳的左右手宜萍

復刻安心麵點的神器

沒有太過繁瑣的製程，沒有過多艱澀難懂的專業術語，無需購買昂貴工具，對於沒有深厚學習底子的家庭主婦而言，如何利用廚房唾手可得的食材，快、狠、準完美復刻出讓家人食得安心的點心——無疑就靠這一本《阿芳的新三杯麵粉》了。曾經阿芳老師說，可能不會再出書了；曾經舊版三杯麵粉因故絕版無法購得，但感謝阿芳老師在百忙之中擠出那一點點時間，和所有辛苦的幕後團隊一起讓這本「神器」再次誕生，而且內容更豐富，做法更加精準。恭喜阿芳老師又再次完成「不可能的任務」！你還在等什麼？立馬下廚試試去。

—— 阿芳的民間高手友人劉雅容

由愛出發的食物，最珍貴又美味

透過直播和臉書分享，讀者感受到阿芳的熱情與手做的魔力；身為老師的工作夥伴，穿梭阿芳廚房是生活一大樂事。像陽光般溫暖，吸引周圍的人靠近，為大家照亮前路……這就是阿芳。每一次的食譜拍攝、每一次的合作，都讓我掉進阿芳的愛裡，不論是她對人或對食物的愛。「三杯麵粉」的起心動念是阿芳對手做者的愛，目的在提供一個最簡便的製程。而《阿芳的新三杯麵粉》更是阿芳從對讀者的愛出發，乘著所有參與者的愛，來到各位手中。每一個字、每一張圖、每一個叮嚀，你都會看到阿芳的愛意，請細細體會。

—— 阿芳的編輯玳妮

幕前與幕後的阿芳老師都一樣

這一點曾經讓我感到驚訝。老師對料理的熱情完全融入生活，且毫無保留分享給喜愛做菜的媽媽們。有一次我看到老師鉅細靡遺回覆著電話另一頭的問題，結束後才發現原來是粉絲打來求助，粉絲與老師之間可以這樣親近，如同街坊鄰居般，再度讓我吃驚。《阿芳的新三杯麵粉》拍攝完成的那一夜，老師哭了，製作過程中的甘苦一一呈現在一路跟著直播的粉絲們面前，我深深了解老師與大家的體力都一樣，唯獨精神能量以及對手做的熱愛，支撐著老師度過所有困難。我所看到的阿芳老師總是不斷突破，讓人驚嘆不已！

—— 阿芳的行銷衍逸

一本書的誕生是多麼辛苦

四天的食譜拍攝，讓我學到麵包與麵點的製作，不再只是靠著磅秤；四天下來，從一開始跟不上大家的腳步而有些挫敗感，到後來突然精明起來，了解如何有效使用量杯量匙，更知道所有調味料、器具及鍋碗瓢盆擺放的位置，看懂老師所寫的食譜，也學會了觀察老師做到哪一道食譜、哪個步驟，需要些什麼器具或材料，再以最快的速度讓東西出現在老師手邊。每天最期待的不是放飯，而是拍攝完可以把品項畫掉的那刻！如果你也想知道量杯、量匙的神奇之處，請跟我一起走進阿芳老師的廚房一探究竟吧！

—— 阿芳的小助手孟潔

Contents
目　　錄

五、食譜

蒸點篇

烤點篇

變化麵點篇

認識麵粉

麵粉主要由澱粉、蛋白質和礦物質組成,一般麵粉分高、中、低筋三種,麵筋高低代表蛋白質含量多寡,也反應麵粉的彈性。麵粉加水後蛋白質會吸水膨脹,持續攪拌就形成「筋」性,亦即彈性、延展性;筋性越高的麵粉加水後黏度越高。

種類

● 高筋麵粉 Bread Flour

蛋白質含量多半在12～13%以上。質地較為乾鬆,添水後會產生高度彈性,做出的麵食口感扎實,經發酵後可產生高膨鬆度。常用來製作麵包、山東饅頭、手工拉麵、貝果等等。

● 中筋麵粉 All Purpose Flour

蛋白質含量在9%以上,因蛋白質含量與品質不同而有價格差異,書中阿芳慣用中筋粉心粉,蛋白質含量10.5%以上,較一般中筋麵粉高,是取麥子中心胚乳部分磨製,灰分(麵粉中的礦物質)較低,做出的成品相對較潔白又彈牙。常用來製作包子、水餃皮、蔥油餅等等。

● 低筋麵粉 Cake Flour

蛋白質含量在7～9%之間。質地較細密,添水後黏性低,多半用來製作口感綿密的糕點,如海綿蛋糕、餅乾、薄餅等等。

● 全麥麵粉 Whole Wheat Flour

由小麥研磨的麵粉,帶有麩皮糠層,質地乾爽,添水後香氣高,但口感相對較為粗糙,通常會等比添加白麵粉做成全麥麵食。揉麵時使用的水量比白麵粉要稍多。

❧ 加料 ଓ

→ 水

麵粉遇水就會顯出筋度彈性，
蛋白質含量高、筋度高，吸水
性就高。水只是廣義的概念，
除了清水，可視不同口味及用
途，以牛奶、蔬果汁或各式具
水分的液體取代。

→ 鹽

可增加麵糰的筋性。鹽
能抑制酵母菌作用，避
免發酵過快造成不良氣
味或麵包孔洞過大，但
過量會使發酵不良。

→ 糖

可加強麵糰和成品的
保濕度、柔軟度及保
存期限。糖是濕性材
料，若糖分增加，水
分要減少，以免麵糰
過濕。糖分太多有礙
筋性形成，需增加揉
攪時間。

膨大劑

俗稱發粉，常見的有泡打粉及小蘇打粉，有水和
溫度就可發揮作用，產生大量二氧化碳使麵食
膨大。在發酵麵糰中添加泡打粉，可讓組織更細
緻、顏色潔白。若麵糰發酵過久產生酸酵味，可
用少量小蘇打粉調水揉入麵糰，有酸鹼中和及去
酵味的效果。

酵母

分塊狀的新鮮酵母，以及本
書中使用的顆粒較細、顏色
土黃的即溶酵母粉，可直接
加入麵粉添水揉製，用量約
為麵粉的1.2%，揉出來的麵
糰耐酸、耐油、耐高糖，開
封後用乾淨瓶子裝好，放冰
箱冷藏保存。

油脂

適量油脂會讓麵筋柔軟，改善麵包的組
織和光澤，有保濕和潤口的效果。在非
水蒸的麵糰中多半製成油酥，可以增加
酥感層次。不同油品與麵糰揉合會產生
不同香氣。

究竟是哪三杯？

阿芳的食譜不是以最絕對的重量為標示單位，而是用國際標準的量杯及量匙為主要度量單位，目的在於簡化食譜的數字和備料的工序，較符合一般家庭操作的方式。

∞ 為什麼要用這個杯 ∞

標準量杯是236cc，為什麼呢？因為在烹調用途中，最常盛裝的材料除了乾項的粉糖料外，就是水分及油脂，而這杯**236cc**的杯子，一般就說約**240cc**，分為四等分，一分約60cc，很好記，而且1杯約為16大匙，容易對算。

　在油脂類的換算，1杯油是16大匙，要用幾匙油，量匙一量很方便取用，而這一杯裝滿油剛好是1／2英磅的重量，也是8盎司，在不同國家的計量單位換算容易整除，實際操作更是容易。

至於為什麼是3杯？3杯麵粉是雙手可做、添水揉麵不致太費力的分量。做出的成品量不會過少，小家庭在短時間內也可趁新鮮食用完畢。

● 量杯

標準容量236cc，有不鏽鋼、鋁、塑膠、玻璃材質，不一定標示刻度，但一定會標出1/4杯、1/2杯、3/4杯。如果沒有量杯，可以找一個容量為240cc的杯子代用。有時候買

到的杯子就像這個玻璃量杯,上面的刻度標記了1CUP只有200ml,但實際把它量到滿杯,一樣也是236cc,同樣可拿來當成本書的量杯使用。

● 量匙

標準量匙通常是四匙一串,由大至小分別為1大匙、1(茶)小匙、1/2小匙、1/4小匙。

1大匙=1湯匙=3小(茶)匙=15cc
1小匙=1茶匙=5cc
1/2小匙=1/2茶匙=2.5cc
1/4小匙=1/4茶匙=1.25cc

家中常見的湯匙,也是比照量匙大小的容量製作,若無量匙,可找喝湯的湯匙取代大匙,以小號的茶匙取代小匙,而一般的咖啡匙視大小,就是1/2或1/4茶匙了。

● 如何裝杯裝匙

用量杯及量匙盛裝食材的鬆緊度雖然會有些許誤差,但不致影響成敗,不須刻意壓緊或敲杯,只要自然舀取材料再抹平即可。

如果是1/2杯或1/4杯,就是裝到線上搖平。

重要技巧示範

∽ 常用材料的計量換算 ∾

量杯容量1杯=236cc=236ml,盛裝不同的食材就是不同重量。

若無量杯只有磅秤,可以對照換算。以下是常用材料重量換算:

● 水1杯=236 cc=236克=16大匙
● 高筋麵粉1杯約150克=16大匙
● 中筋麵粉1杯約150克=16大匙
● 低筋麵粉1杯約140克=16大匙
● 細砂糖1杯=220克=16大匙
● 白或黃砂糖1杯=200克=16大匙
● 酵母1大匙=12克=3小匙
　（1小匙=4克）
● 泡打粉1小匙=5克
● 小蘇打粉1小匙=6克
● 鹽1小匙=5克
● 油脂1杯=236 cc=236ml=227克
　=16大匙=1/2磅=大塊奶油1/2塊
　=小條奶油2條
● 書中的斤指的是台斤
　1台斤=16兩,1兩=37.5公克

工具介紹

工欲善其事,必先利其器。在家玩麵粉、做麵點,除了心意和手藝,也要有基本的工具,才能成就出味蕾的饗宴。對婆婆媽媽而言,工具可繁可簡,但烤箱、蒸籠學問大,多學多問多摸索。

烤箱

一台可設定烤溫和時間的烤箱,會讓手做品項變豐富,但不同品牌的烤箱,箱體厚薄、溫度升降的快慢不同,多使用觀察才能夠掌握烤箱特性。一般家庭可選擇30或45公升的容量,烘烤效益及箱體的熱對流比較好。若烤箱容量小,稍降低火溫,拉長烘烤時間,成品才不會外焦內生。使用一段時間或烘烤高油脂食物後,,可趁箱體尚有餘溫以軟質毛巾擦拭,避免反覆加熱而生異味。

電動攪拌機

可讓揉麵、打蛋、和餡變輕鬆。選擇差異在於攪拌鋼盆的容量和馬達馬力,既是圖方便,馬力最好足夠應付食材總重一公斤以上。通常配有球形攪拌頭,用來打蛋及輕質材料;勾型攪拌頭用來攪打麵糰;平槳攪拌頭用來和餡。因機器有力,攪拌時勿把手和物品放入缸中,添料時也要先關機或降速。若製作分量不多,除了雙手揉麵,可選擇麵包機加手持式電動攪拌器,預算較低但功能相同。

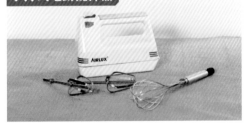

蒸籠

手持式電動攪拌器

家庭常用的是手拿式直立型球狀攪拌器,多半選擇耐用的不鏽鋼材質。另外就是手持的電動攪拌器,多半用於打蛋,可提升攪拌效率及蛋體打發的品質,還可藉由段數調整控制攪打力道,但這樣機型的馬力不適合用來攪打過重的材料。

分金屬蒸籠和竹器蒸籠。前者的優點是好照顧不易發霉,但金屬無法吸水及不透氣,初學者常因蒸籠鍋壓太高,導致蒸出的麵點皺皮,因此切記要留出氣孔。高度足夠的竹蒸籠,對蒸麵點具加分效果,還帶有竹香味,但因台灣氣候潮濕,蒸籠易發霉,使用後除了刷洗乾淨,一定要放在通風處晾乾,再以透氣方式擺放,避免曝曬陽光,否則易彎曲變形;也避免以塑膠袋包裝收納,才不致發霉生異味。

攪拌盆

玻璃或不鏽鋼材質的盆器，在高速攪拌或揉撞摩擦下，較不會磨損產生金屬微粒或融出塑化劑，而無死角的圓盆易於混合材料，也較不會殘留汙垢。

擀麵棍

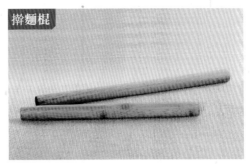

用於將麵皮擀薄，使用完畢以刮刀刮除多餘的麵糊、擦拭乾淨即可，盡量不要用水沖洗。

刮刀&切麵刀

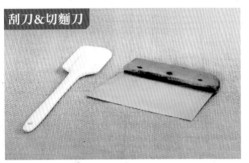

用於翻拌材料及切割麵糰，有不同的材質製品，可至家庭生活五金行和烘焙原料行購得。

平底鍋

適用於麵點的煎、烙或平面油炸，以厚質附蓋的不沾鍋為佳。

防沾紙（烘焙紙）

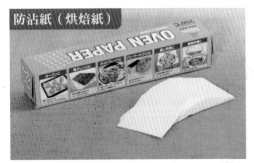

具防沾效果的方便用紙，取代傳統麵點放在蒸籠上要鋪濕布巾。有剪成小張用來墊在包子饅頭底部的；也有整捲像保鮮膜的捲軸，可視使用面積剪裁，用完後還可稍微清洗晾乾重複使用。

置涼網架

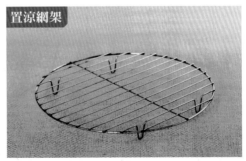

成品高溫出爐後置涼使用，可以用家中炒鍋或電鍋所附的蒸架取代。

玩麵基本工

玩三杯麵粉，就從揉麵糰開始！麵糰是琳瑯滿目的麵點的地基，學習如何和麵、辨識麵糰的發酵程度、用心攪麵揉麵、熟練整型擀捲的技巧，就可以把麵點的地基打得穩又美，完成的麵點當然誘人又飄香。

一、冷水和麵這樣和

✂ 做法 ✂

把麵粉放在大盆中，鹽放在麵粉上①，水對著鹽沖下②，先以筷子攪拌至不見水分③，再用手沾上乾手粉，抓揉出麵糰④。視乾濕狀態酌量添水、撒粉，揉成盆光、手光、麵也光的三光麵糰⑤。接著可加蓋靜置鬆弛，或者在塑膠袋內抹少許油放入麵糰，靜置鬆弛15分鐘以上⑥。

冷水和麵主要做成水煮的麵點，麵粉品質的好壞攸關成敗，建議使用中筋粉心粉。切記水不要下得太快太猛，麵糰不宜過於濕軟，下水煮熟後的麵條或麵點才會有咬勁。

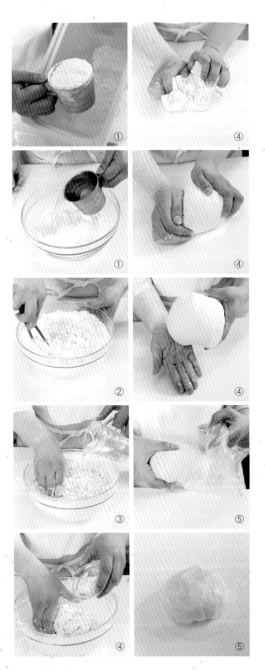

二、熱水燙麵這樣做

∞ 做法 ∞

把麵粉放在盆中，先沖入滾水①，以筷子攪拌均勻至呈現小粒狀②，稍加散熱，再適度添加冷水，接著以手揉出糰③，加入少許油，就可以用手抓揉成三光麵糰④。完成後可用濕布或盤子加蓋，也可放入抹油的塑膠袋中包緊，放置30分鐘以上鬆弛⑤。

重 點 提 示

滾水燙麵會破壞麵粉的筋性，即使擀成大又薄的麵皮也不會破裂，多半用於煎烙的麵點，口感脆中帶軟，可包入不同餡料。亦可以60～70℃的溫熱水來揉麵，帶有燙麵的口感，又保有冷水麵偏濕的特色，多半用於煎炸的麵點。

三、基礎發酵麵糰的揉法

ᘒ 做法 ᘓ

把麵粉放在盆中,即溶酵母粉放在一邊,其餘糖、鹽、奶粉等配料放在另外一側①。水從酵母粉處沖下②(天氣太冷水溫容易過低,可以預先調整35℃上下的水溫;夏天氣候炎熱可以加顆冰塊稍微降低水溫),先用筷子把酵母水稍加攪勻,再用筷子攪拌至不見水分的麵穗狀③。(材料配方見P.27刀切白饅頭)

手沾上手粉,在盆中抓揉成粗麵糰,若配方中需要添加油脂,在粗麵糰時就可加入,即可續揉,接著可取出麵糰在乾淨桌板上繼續揉麵,約3~5分鐘即可揉出光滑麵糰④。

加蓋略放置25分鐘後,就會開始呈現發酵的狀態;也可以把揉好的麵糰放入抹油的塑膠袋中,把袋子綁緊,外面多套一層袋子,放入冰箱用冷藏的方式做低溫發酵⑤。發酵的麵糰隨著發酵的環境溫度加上放置的時間越長,就會從初發酵的嫩發麵糰,進入狀態最好的基礎發酵麵糰,然後變成較為粗糙的老化發酵麵糰。

重 點 提 示

可視要製作不同麵食的口感,使用不同筋性的麵粉。除了沙拉油,也可以用奶油或橄欖油來提香。水分也可以用不同液體取代,成就不同的麵糰。

重要技巧示範

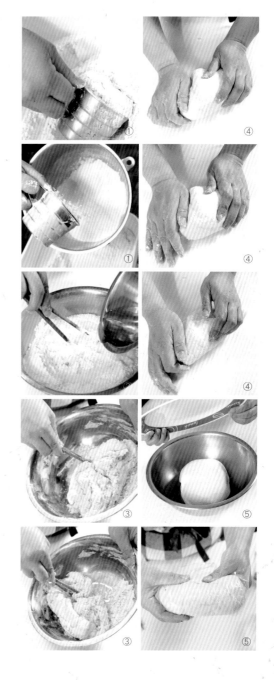

① ③
② ④
② ④
② ⑤
② ⑤

四、以基礎發酵麵糰為麵種，揉成中種麵糰

∞ 做法 ∞

3杯中筋粉心粉添入酵母粉，以冷水揉成光滑麵糰，揉好後將麵糰分切成兩份，分別用抹油的袋子包好，外層多套上一層袋子，防止袋子因為高度發酵而爆破，就可以放置在室溫或冰箱，使其發酵成袋子鼓脹帶有空氣感的發酵麵糰①。這樣的麵糰約有1又1/2杯的麵粉量，就成了麵種，可以再添加1又1/2杯的新麵粉，做成不同的口感需求及變化運用。

取發酵好的一份麵種，備好要添加的新麵粉，以及新麵粉所需要的水分。

先將水放入盆中，把發酵好的麵種撕為小塊加入，稍微用水拌勻②，就可再加入新的麵粉③，以攪拌器攪拌均勻或以筷子拌勻④，如果要添加物料，如砂糖，或者輔助用的膨大劑，如泡打粉、小蘇打粉，就在此時一併加入，拌勻後再改手揉的方法，即可揉出均勻細緻的新發酵麵糰⑤。

中種麵糰多半用來製作經高溫蒸熟的麵點。發酵麵糰若發酵不夠，經高溫一蒸又吸飽水氣，做好的麵點容易膨發不足；若發酵過頭，麵體組織老化，麵點出鍋後容易皺皮。而藉由麵種的發酵力再添入新麵粉平衡，就可以讓發酵麵糰保持在最佳狀態。

五、老化的發酵麵糰如何變年輕

❀ 做法 ❀

過度發酵呈現老化的麵糰,組織會變得粗糙又缺乏彈性,還帶有發酵所產生的酵酸味,雖然富含發酵的菌種,但是麵糰的組織已經缺乏支持彈性,做出來的成品就容易有老化萎縮的現象。如果是在蒸鍋中蒸煮的麵食很容易因此產生皺皮死麵的結果。所以老化的麵糰①一定要添加新麵粉後重整,才能夠把麵糰的年齡拉回來。

阿芳聊聊天
(老化麵糰變年輕)

做法如同前述的基礎發酵麵糰兌入新麵粉的手法,只不過發酵過頭的麵糰帶有酵酸味,酸鹼值也是偏酸,因此可利用要添加新麵粉的水量,先調入適量的鹼粉,鹼粉的用量視發酵麵糰老化的狀態而斟酌。先把水調成鹼性水②,再把發酵的老麵糰撕小塊泡到鹼水中③,就可以立即把那股酵酸味藉由酸鹼平衡給中和掉,甚至帶有一股優雅的麵粉香,這樣再添入新麵粉揉出來的麵糰④,就是有組織彈性又具有足夠發酵力的新發酵麵糰了。

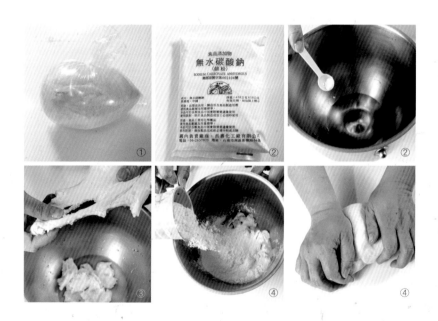

六、麵包機與攪拌機的攪麵程序

✂ 做法 ✂

利用麵包機和攪拌機來攪打麵糰,是在家做麵食的好幫手,掌握正確的技巧,就可以避免酵母粉因為放入的技巧不佳,而產生抑制發酵的效果,就算時間拉得再長,也無法做到很棒的發酵狀態。

用機器攪麵糰的程序,同樣是把麵粉先放入缸盆,即溶酵母粉放在一側,另外一側就放入要添加的糖類、鹽分、奶粉①。要添入缸的水先調整至適當的溫度,再從即溶酵母處沖入②,就可以開啟攪拌的程序。攪拌至麵糰看不見水分,變成粗糙的麵糰③,再把需要的油脂加入,繼續攪打成光滑麵糰④。

一般使用機器的力道,要讓麵粉、水攪和均勻就用慢速,成糰後可用中速攪打2～3分鐘,再改成快速,最後再調慢速,就可以把麵糰慢慢攪打到光滑勻細。若要打出麵糰的筋膜,可在麵糰打到勻細後先停機,稍微加蓋放置5分鐘,重新再開啟機器,用中慢速再多打3～5分鐘,就可以打出質感非常細膩光滑的麵糰。

麵包機

攪拌機

七、鬆弛後的麵糰如何分割整型

∞ 做法 ∞

從加蓋的容器中取出發酵或鬆弛的麵糰，若是鬆弛後的麵糰需留意不要再做搓揉的動作，直接在麵糰中央按下一個小洞①，再用雙手握出一個粗細均勻的輪圈狀②，以切麵刀切開一個斷口③，就可以拉成一個粗細均勻的長條④，再依製作麵食的大小需求，分切成分量相等的小塊麵糰⑤，亦可用手部整圓的技巧整圓⑥，檢視麵體大小，完成後即可用來做成各種麵食變化。

重要技巧示範

八、小包酥擀捲法

∞ 做法 ∞

1. 中筋麵粉加上油脂先以雙手搓勻，再加入溫熱水，用手以抓握的方式把麵粉抓握成糰，可用碗加蓋鬆弛10分鐘，即為油皮麵糰。

2. 低筋麵粉加上油脂，抓揉成不沾黏但是有柔軟度的油酥麵糰。

3. 先把油酥麵糰以切麵刀整成長方塊狀，分切為所需分量的小塊。

4. 油皮也以相同手法，用切麵刀整成長方塊狀，分切為所需分量的小塊。

5. 油皮包入油酥，收口捏合，收口往上正放，全部依序做好。

6. 取小麵球由收口處擀成牛舌餅狀的麵片，捲起，轉向，再擀成細長條狀，再捲起成螺旋狀的麵捲，依序排列，再用沾油的塑膠袋加蓋鬆弛10分鐘。

7. 取螺旋麵捲擀開成圓片狀，就可以用來包入餡料。

重要技巧示範

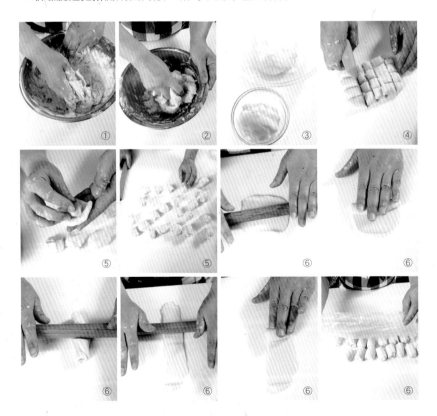

九、大包酥擀折法

❧ 做法 ❧

1. 油皮油酥分別揉好，加蓋鬆弛。

2. 把油皮分割為2份，擀成長方片，把1/2份的油酥鋪平在油皮上（亦可按成圓片包入油酥），由上下四方把油皮完整包入油酥，擀開後即可由左往右折1/3，再由右往左折1/3，即成三層的麵片，再以擀麵棍擀開成長方片。

3. 順向捲起成長條狀，可依製作需求分切成小塊或用手抓出小分量，繼續擀開包入不同餡料。

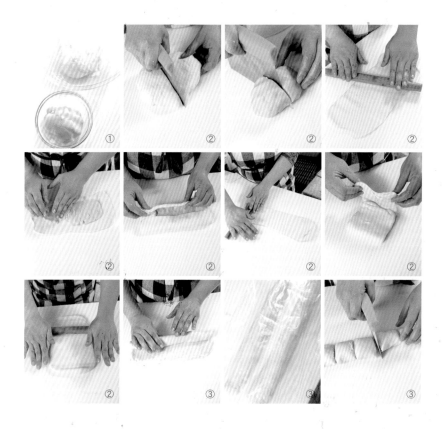

十、蒸籠麵食完成後的取出法

❧ 做法 ❧

經過水鍋蒸煮的麵食,在熄火之後還帶有滾燙的熱氣及充足的水分,因此拿取時需留意一些技巧,這樣出鍋的麵點才不容易因夾帶大量水氣,再加上麵皮若是稍微老化,而產生死麵的現象。阿芳習慣先把瓦斯爐火關掉後,讓蒸籠在水鍋上多停留約2分鐘,然後把蒸籠層連蓋子一併搬離水鍋,這時不要急著開蓋,把蒸籠層和蓋口之間都略開一個小縫,使熱氣能夠出鍋,但冷空氣無法立即進入,這樣麵食不容易形成結水,等到出氣口不再冒出大量蒸氣時,就可以把蒸籠上下層移開,最後再打開蒸籠上蓋取出成品。

阿芳聊聊天
(蒸籠的選擇和保養)

蒸蒸日上一起上

蒸籠中的麵食是一種神奇的變化，也是一種誘人的魔力——入鍋身型樣小，出鍋麵膨飄香，一籠接一籠，蒸蒸日上，麵上心也上。

刀切白饅頭

材料

中筋粉心粉3杯、細砂糖2大匙
即溶酵母粉1小匙、水1又1/4杯
沙拉油1小匙、手粉少許

做法

1

麵粉放在盆中，細砂糖及酵母粉分別放在麵粉的兩端，水由酵母粉處沖下，啟動攪拌器攪至不見水分的粗糰，並依個人喜好選擇加油或不加油皆可。

2

桌板撒上少許手粉，取出麵糰，繼續以手推揉成光滑麵糰，加蓋靜置10～25分鐘（夏短冬長，冬天可放溫水鍋上後發）。

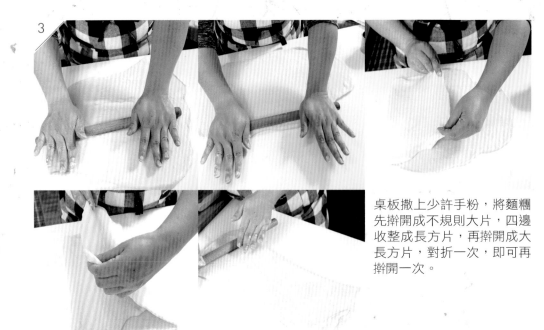

3

桌板撒上少許手粉，將麵糰先擀開成不規則大片，四邊收整成長方片，再擀開成大長方片，對折一次，即可再擀開一次。

4

把麵皮捲成長條麵捲，收口捏住壓於下方，以手整麵捲成平整長捲。

5

以刀切出8公分左右的段塊，每一段鋪上防沾紙排於蒸籠上，再加蓋放置15～25分鐘，開蓋見饅頭胚膨脹切口紋路不明顯，即可移至冷水蒸鍋上。

6

開中大火，蒸至冒出蒸氣，再多蒸10分鐘熄火，略放2分鐘後，再移開蒸籠，開小口洩熱氣，待熱氣退去再開籠取出饅頭。

跟著阿芳玩麵粉的心法筆記

玩麵粉的入門首選，應該非饅頭莫屬。麵粉加入酵母後添水，揉一揉，再配上時間和溫度，用鍋子一蒸，就可以期待白胖胖的饅頭出鍋了。只不過初學者因為還搞不清楚麵粉與發酵的關係，也看不出發酵麵糰的年齡狀態，蒸出來的饅頭往往不如預期──其實這都是因為發酵麵糰處於不同年齡所造成的結果。

如果出鍋饅頭偏黃又瘦小，一般代表發酵不足，麵糰太年輕不足以發大；反之，膨得過大的饅頭表示麵糰已經越過最棒的青壯年進入中年期，雖然樣子膨發但組織粗糙不見得有好口感。如果饅頭在蒸鍋中看起來膨大，出鍋後卻產生皺皮的現象，表示原始入鍋的饅頭胚已經發酵到過老狀態，在蒸鍋中尚有熱氣撐著，一開鍋遇到冷空氣，饅頭裡的熱氣就會凝結成水氣，而饅頭的組織偏老撐不住，當然就以皺皮收場。

只要弄懂發酵麵糰的各年齡狀態看起來是什麼模樣，就可以掌握在何種狀態下開蒸最好，而不是一味只用時間計算。有了這樣的經驗判斷，才能蒸出漂亮不發皺且有好口感的饅頭。

阿芳聊聊天
（麵糰發酵判斷法）

老化發酵麵糰　基礎發酵麵糰　嫩發麵糰

麵糰的不同發酵狀態

兌鹼大饅頭

材料

A. 中筋基礎發酵麵糰1/2份（做法參見P.16）

B. 鹼粉（食用級碳酸鈉）約1/8小匙（弱）
   冷水1/2杯
   中筋粉心粉1又1/2杯

做法

1 / 材料A基礎發酵麵糰需發酵1個小時以上。

2 /

在另一盆中放入材料B的冷水後，調入鹼粉，將發酵後的麵糰撕小塊，以鹼水拌勻，再加入中筋粉心粉拌勻，以攪拌器攪成粗糰，續以手揉成光滑結實的麵糰。

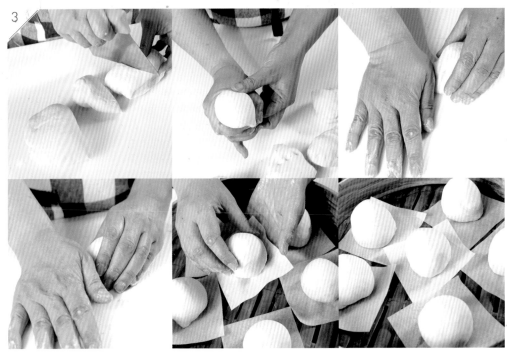

3

將全部麵糰分切成6等分，先以手部整圓，再以一手護、一手壓至桌面上，將麵糰整成
光滑緊實圓卵狀的麵胚，墊在饅頭紙上，排入蒸籠中。

4

完成所有的麵胚後，加蓋做
二次發酵約15～25分鐘。
（夏短冬長，冬天可放在溫
水鍋上後發）

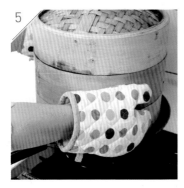

5　將二次發酵完成的麵胚移入蒸鍋上，以中大火蒸至冒出蒸氣，再多蒸12分鐘，熄火多燜2～3分鐘，再移出蒸鍋後開蓋取出。

跟著阿芳玩麵粉的心法筆記

重要技巧示範

　　饅頭對北方人的意義就如同白飯對南方飲食的重要性，由於天天需要，一般家庭在揉製麵糰時會留下一糰發麵，放在蓋盆裡再移入冰箱冷藏；隔天以這糰發酵老麵做麵種，兌上一些新麵粉，就可以把發酵麵糰的年齡變年輕（參考P.31步驟2）。這樣不斷的循環，就是老麵饅頭的意義。

　　只不過老麵糰隨著發酵的時間久了，會產生帶有酒酵的酸味，即使添加新麵粉製成漂亮的成品，這股酒酵味還是會存在，不僅聞起來壞了麵香，吃多了還容易傷胃。所以北方媽媽們在老麵兌新麵之前，會先用一點點鹼粉做酸鹼平衡，鹼粉的用量隨麵糰老化的狀態增減。這麼做可以讓麵糰在最短的時間內，既帶有老麵的菌種，又有新麵粉健康的支架，除了縮短做麵食的時間，還保有成熟的氣質和健康的體質，做出來的饅頭當然漂亮又好吃。

　　山東大饅頭是兌鹼饅頭的經典，除了因兌鹼而有香濃的麵香，再加上以手揉壓產生的結實感，糖量也放得少，特別適合用來當成主食搭配小菜。這種扎實的手感需要一手護著麵糰、一手按壓，慢慢推出高聳的圓頂，蒸出來的饅頭才不會因為擴大而塌扁。也因為靠雙手揉壓，分量若太少，揉出來的麵球就不漂亮，而手能掌握的麵球，蒸好之後當然個頭也不會太小，成了理所當然的大饅頭。

棗發饅頭

材料

A. 兌鹼饅頭麵糰1份（做法參見P.31）
B. 紅棗27顆、手粉適量

做法

1

將兌鹼饅頭麵糰揉至光滑，揉好的麵糰分切成3等分，整圓。

2

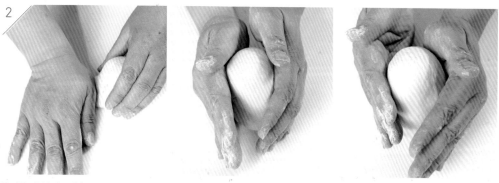

取麵球拍上手粉，用一手護、一手壓的整型方式，將麵球整型為高聳的長圓卵狀饅頭，
底部鋪上防沾紙。

3

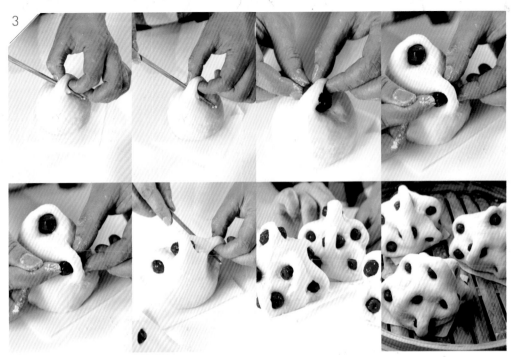

以筷子從饅頭頂端橫向刺穿，即可鑲入一顆紅棗；在饅頭的中腰處，再用筷子在四邊刺洞拉出環洞，並在環洞中各鑲入一顆紅棗；在饅頭的下層，在相錯的四邊，再次穿四個環洞，同樣鑲入紅棗，即可完成棗發饅頭胚。全部依此法完成後，放入蒸籠，加蓋靜置20～30分鐘後發酵。

4 ／ 後發酵完成後，放在冷水蒸鍋上，開中大火蒸至水鍋沸騰出氣，改中火續蒸15分鐘，熄火略燜3分鐘後，就可以出鍋。

跟著阿芳玩麵粉的心法筆記

　　棗發饅頭有「早發」的寓意，是山東、山西地區很有趣的花饽饽，在大過年時顯得特別喜氣，也適合拿來當成祭拜的供品。由於造型特別高聳，阿芳喜歡把棗發用於拜天公，感覺特別討喜又表敬意。阿芳試排過多種形式，抓出了這種在一個饅頭裡鑲上9顆紅棗的排列，除了喜氣又添入帶有敬意的吉祥數字，還可避免給人密集恐懼的感受。

全麥饅頭

全麥饅頭

材料

中筋基礎發酵麵糰1/2份
黑糖2大匙
鹼粉1/8小匙
（基礎發酵麵糰不老，沒有酸味，則不需添加鹼粉）
水3/4杯
全麥麵粉1又1/2杯

做法

1

取一盆，倒入3/4杯水，先加入鹼粉調化，把發酵麵糰撕成小塊拌入，再加入黑糖拌勻。

2

加入全麥麵粉，以筷子拌勻至不見水分。

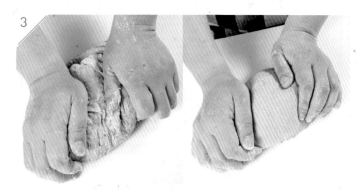

3

取出麵糰放在桌板上，改以手揉成糰，滾揉成均勻細緻的全麥麵糰。

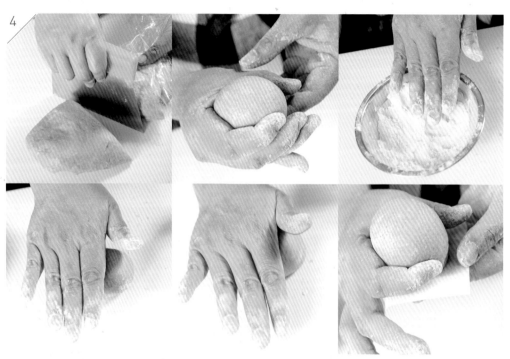

4

將麵糰分切成8等分，先整圓，手沾麵粉將麵糰直接在桌面上搓滾，整成長圓狀的饅頭胚，拍掉多餘手粉，鋪上防沾紙。

5

排列在蒸籠層上，再放置15～25分鐘二次發酵（夏短冬長）。

移入冷水蒸鍋，以大火蒸至沸騰冒出蒸氣，再多蒸12分鐘，熄火略燜2分鐘，即可移籠開蓋取出。

北方花捲

材料

A. 全麥饅頭麵糰1份（做法參見P.38），或兌鹼
　饅頭麵糰1份（做法參見P.31）
B. 油1大匙、蔥花1杯、鹽1/2小匙

做法

1
饅頭麵糰先揉好，加蓋鬆弛5～10分鐘（夏短冬長）。

2
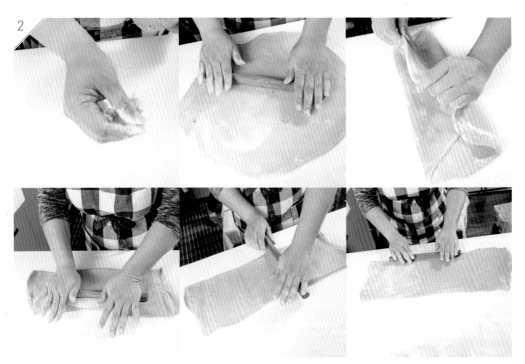

桌面撒上手粉，將麵糰擀成大圓片，三折成長型，擀開再對折，再擀成大長方片。

在麵片上抹上一層薄薄的油脂，用紙巾拭去多餘的油，撒上蔥花及鹽，捲成長捲，整理麵捲後，再分切為10～12段。

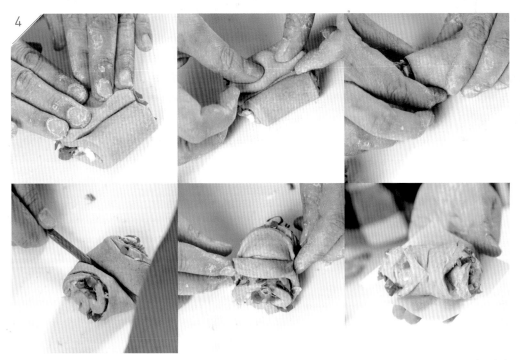

4

取麵段，收口向上，略壓，由內翻捲三摺，反回正面略以筷子順向壓下，即可壓出側邊開花，可巧手在外層一捏，靈活變化造型。

5

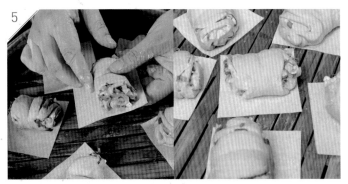

將麵胚排列在蒸籠層上，放置15～25分鐘二次發酵（夏短冬長）。

6　移入熱水蒸鍋，以大火蒸12分鐘，熄火略燜2分鐘，移籠開蓋取出。（選擇熱水入鍋開蒸，減少蒸的時間，蔥花可保持翠綠。）

薑香黑糖饅頭

材料

A. 黑糖1/2杯、水3/4杯

B. 中筋粉心粉3杯、薑泥1小匙、溫涼水3/4杯
（弱）、即溶酵母粉1又1/2小匙

C. 手粉少許

做法

1

黑糖放小鍋中，以少量水先濕開，開火搖煮至色澤發亮並飄出焦香味，即可熄火，加入
A料其餘水量，一起以小火煮化，熄火放至溫涼。

2

麵粉放在麵盆中，酵母加水調化，沖入麵粉中拌勻，再加入薑泥、黑糖水、水一起以筷
子拌勻至不見水分。

再續揉成光滑的麵糰,加蓋靜置12～25分鐘(夏短冬長)。

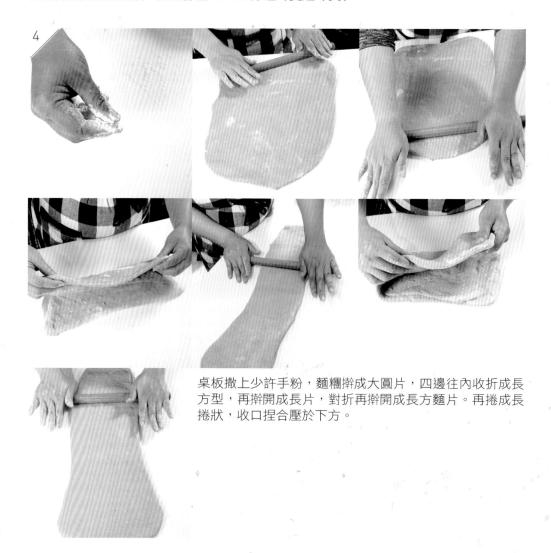

桌板撒上少許手粉,麵糰擀成大圓片,四邊往內收折成長方型,再擀開成長片,對折再擀開成長方麵片。再捲成長捲狀,收口捏合壓於下方。

以刀切出7～8公分左右的段塊，鋪上防沾紙，排入蒸籠。

放置15～25分鐘（夏短冬長），開蓋見饅頭胚膨脹，切口紋路變柔和，邊身外擴，即可移入冷水蒸鍋。

開中大火，蒸至冒出蒸氣，再多蒸10分鐘，熄火略放2分鐘，移籠開小口洩熱氣，待熱氣散去，再開籠取出。

跟著阿芳玩麵粉的心法筆記

　　製作黑糖饅頭時，如果將黑糖粉直接加入麵糰，經過添水後，往往色澤及香氣就大打折扣。因此阿芳習慣先把黑糖煮化產生更濃的糖香，和入麵粉中就有濃濃的黑糖香味。只不過因黑糖饅頭的黑糖比例偏高，在酵母的運用上要特別留意，除了酵母粉的用量加重，一定要把酵母粉和少量的水先調化，活化酵母，再和麵粉拌勻，才能夠把黑糖水加進來揉麵，避免因麵糰的含糖量太高讓酵母無法作用。麵糰揉好後放在室溫發酵，亦可以抹油袋子包好包緊，放入冰箱冷藏低溫發酵至袋子鼓脹，再取出整成麵捲做饅頭。

芋香豬蹄圈

材料

薑香黑糖饅頭發酵麵糰1份
（參見P.45的材料與步驟1至3）
芋泥餡2杯、手粉適量

做法

1

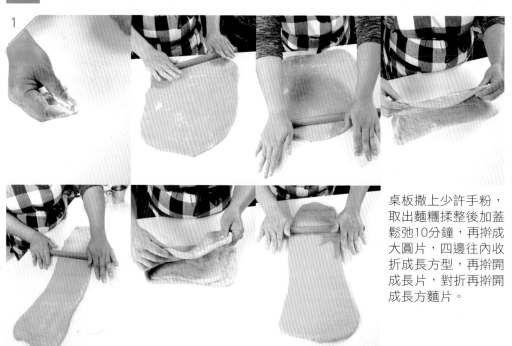

桌板撒上少許手粉，取出麵糰揉整後加蓋鬆弛10分鐘，再擀成大圓片，四邊往內收折成長方型，再擀開成長片，對折再擀開成長方麵片。

2

在麵片上鋪上一排芋泥餡，輕輕捲起成長條麵捲。

3

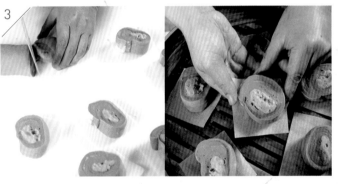

用刀切3公分厚的片狀，翻平擺放在防沾紙上，排入蒸籠層中，加蓋靜置發酵15～25分鐘（夏短冬長），即可移入冷水蒸鍋以中大火開蒸，蒸至冒出蒸氣再多蒸10分鐘，即可熄火，略燜2分鐘，移籠開蓋取包。

芋泥餡做法

材料

芋頭1斤、二砂糖1杯、鹽1/2小匙
油2大匙、奶水3/4杯、麵粉5～6大匙

做法

芋頭切大塊蒸熟，趁熱壓成泥。拌入其餘材料，盛在深盤中，移入蒸鍋蒸20分鐘，取出放涼即成固態不爆漿芋泥餡。

養生雜糧饅頭

養生雜糧饅頭

材料

A. 糙米飯1杯（五穀飯亦可）、亞麻仁籽3大匙、黑糖3大匙、中筋基礎發酵麵糰1/2份（做法參見P.16）、全麥麵粉1又1/2杯、常溫水3/4杯（強）

B. 枸杞4大匙、中筋粉心粉1大匙

做法

1

水加入糙米飯，再加入黑糖、亞麻仁籽一起拌勻。

2

把發酵麵糰撕小塊加入黑糖糙米料中拌勻，再加入全麥麵粉一起拌勻成糰。

枸杞快速沖水洗一下,瀝乾水分拌上1大匙中筋粉心粉,拌勻。

取出麵糰,揉成糰狀,枸杞放在桌板上一起揉入麵糰,完整揉勻。

將麵糰分切為8等分,拍上手粉,略按壓後整圓,揉成光滑大圓球狀,排放在饅頭紙上。

排入蒸籠加蓋靜置20～30分鐘(夏短冬長)二次發酵後,移至蒸鍋以中大火蒸約15分鐘即可熄火,略燜2分鐘後移籠開蓋取出。

鮮奶葡萄乾花捲

材料

A. 中筋粉心粉1杯、低筋麵粉2杯、細砂糖2大匙、即溶酵母粉1小匙、泡打粉1小匙、鮮奶1杯、冷水1/4杯（弱）
B. 葡萄乾1又1/2杯、沙拉油1小匙、手粉適量

做法

1

酵母先以冷水泡濕放置5分鐘。

2

酵母水倒入麵粉中，先以筷子拌勻，再加入細砂糖、泡打粉、鮮奶一起拌勻，再揉成光滑麵糰，加蓋靜置鬆弛10～15分鐘（夏短冬長）。

3

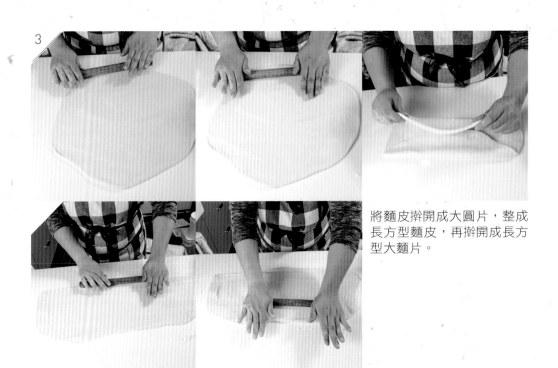

將麵皮擀開成大圓片，整成長方型麵皮，再擀開成長方型大麵片。

4

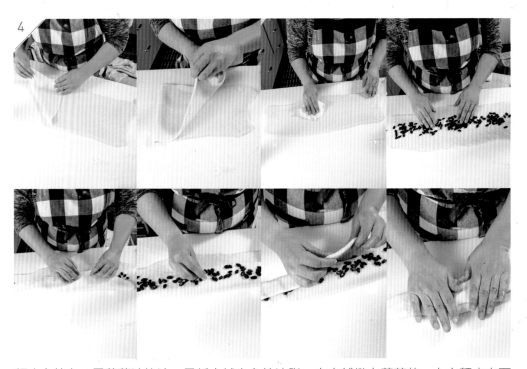

麵皮上抹上一層薄薄沙拉油，用紙巾拭去多餘油脂，中央鋪撒上葡萄乾，上方麵皮向下蓋，再鋪上一層葡萄乾，下面麵皮再向上蓋，略按平麵捲。

5

麵捲分切成2公分的條狀,取3條一扭,盤結壓在下方。(切割完的麵條通常外側短,中段部分較長,抓麵條的平衡技巧:以中間抓1條大柱,兩側各取1條小柱,3柱合一,即可開始盤整。)

6

墊上防沾紙排入蒸籠加蓋靜置,二次發酵10~20分鐘(夏短冬長)。

發酵完成的麵胚移至冷水蒸鍋,蒸至水沸騰冒出蒸氣,再以中大火蒸10分鐘,熄火略燜2分鐘,再移籠開蓋取出。

壽桃

材料

A. 中筋基礎發酵麵糰1/2份（做法參見P.16）
B. 水1/2杯（弱）、細砂糖2大匙、低筋麵粉1
　　杯、泡打粉1小匙
C. 水1/4杯（弱）、紅麴粉1小匙、細砂糖1大
　　匙、低筋麵粉1/2杯、泡打粉1/2小匙
D. 綠豆仁餡一份、手粉少許

做法

1　將發酵好的基礎麵糰分為3等分。取一盆，放入B料水、細砂糖，把其中2等分的麵糰撕成小塊，加上低筋麵粉、泡打粉一起拌勻，再揉成光滑麵糰。

2　同步驟一手法，C料的水先加入細砂糖、紅麴粉調勻，取最後1等分的發酵麵糰，撕小塊加入拌勻，再加上低筋麵粉及泡打粉揉成光滑紅色麵糰。

再將兩色麵糰分別切出6～10等分，先整圓後依序排好，加蓋靜置 餡料也分為6～10等
鬆弛5分鐘。 分。

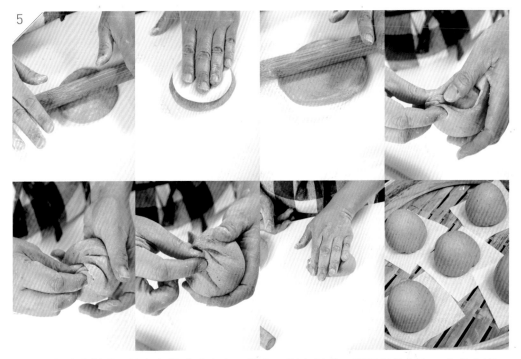

取紅色麵球先擀扁至比白色麵球略寬大，疊上一顆白麵球，反面紅色在上、白色在下，
一起擀成雙色圓麵皮，包入綠豆仁餡，收口捏合，並順勢把麵球滾成長圓狀，收口向下
放在防沾紙上。

6 全部完成後，再略放10～20分鐘（夏短冬長）二次發酵。再移至熱水蒸鍋以中大
火蒸15分鐘，熄火燜2分鐘，移籠開蓋。

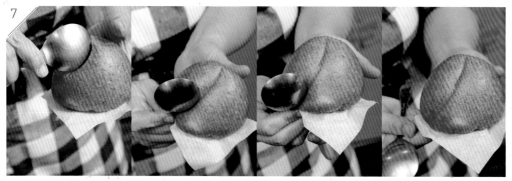

7

趁熱氣散去，麵體溫熱尚帶水氣時，小心快手防燙，以湯匙或瓷盤壓出桃子紋路，即成壽桃。

綠豆餡做法

材料

去殼綠豆仁1又1/2杯、水1又1/2杯（弱）、細砂糖1/2杯、鹽1/4小匙、炒香麵粉3大匙

做法

綠豆仁洗乾淨加上水放在小鍋，移入電鍋蒸熟，至豆仁綿鬆但保有豆形，出鍋趁熱拌上糖和鹽及炒香麵粉，放涼即成凝固狀綠豆餡。

跟著阿芳玩麵粉的心法筆記

重要技巧示範

　　學會做包子饅頭之後，掌握發酵麵糰的概念，就可以挑戰在家人生日或逢年過節時，自己動手做壽桃和紅龜。市售的年節食品大多因講究快速，製作完成後使用噴霧器把紅色食用色素噴塗在麵點表面，看起來美麗，但享用時總要刻意撕去表面紅皮。阿芳採用的是傳統的麵點師傅使用的雙層蓋貼造色技巧，以天然的紅麴粉來調色，除了手做樂趣，吃起來都多了一份安心。　一份三杯麵粉的麵糰，可以用來製作6～10顆壽桃，紅龜則是3～6顆。由於紅色麵皮的分量只有白色麵糰的一半，擀壓的技巧在於把紅色麵皮擀得比白色麵球來得寬，放上白色麵球後，反過來再以紅色的麵皮直接擀平，這樣就可以讓紅色的麵皮緊貼在白色麵皮上方，包入餡料時也能夠完全覆蓋。

大紅龜

材料

A. 蜜紅豆2杯（做法參見P.137）、水1/2杯、中筋粉心粉4大匙、鹽1/4小匙

B. 中筋基礎發酵麵糰1/2份（做法參見P.16）

C. 水1/2杯（弱）、細砂糖2大匙、低筋麵粉1杯、泡打粉1小匙

D. 水1/4杯（弱）、紅麴粉1小匙、細砂糖1大匙、低筋麵粉1/2杯、泡打粉1/2小匙

E. 手粉適量

做法

1

A料麵粉以乾鍋炒至微黃飄香，取出加上蜜紅豆、水、鹽一起在小鍋拌勻，開火煮至沸騰濃稠，取出放涼即為硬沙紅豆餡。

2

材料B、C、D以壽桃麵糰揉法揉成紅白雙色麵糰。（詳細做法參見P.59）

3 兩色麵球分切為3～6等分，加蓋靜置5分鐘，紅豆餡分為3～6等分。

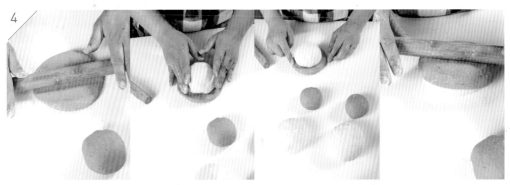

4 取紅色麵球按扁擀成紅麵皮，紅麵皮要比白色麵球略大，將白麵球放在紅色麵皮上，翻過來由紅色面擀開成外薄中厚的圓片。

5 包入一份紅豆餡，收口捏合，反向壓於防沾紙上，即為長圓狀。

6 靜置發酵10～20分鐘（夏短冬長）。再移至沸騰蒸鍋上，以中大火蒸15分鐘，熄火燜2分鐘，移籠開蓋取包。

小白兔包

小白兔包

材料

A. 中筋粉心粉1杯、低筋麵粉2杯、細砂糖3
大匙、即溶酵母粉1小匙、水約1又1/8杯
（弱）、泡打粉1小匙、油1大匙

B. 芋泥餡1/2份（做法參見P.195）、手粉適量

做法

1

A料依基礎發酵麵糰的手法揉成光滑麵糰，放在盆中加蓋靜置10分鐘。（做法參見P.16）

2

麵糰分為24等分，整圓，依序排列，稍蓋略放5分鐘鬆弛。

3

取麵球拍上手粉，擀成外薄中厚的圓片，放上芋泥球，收口捏合，壓於下方，排在防沾紙上。

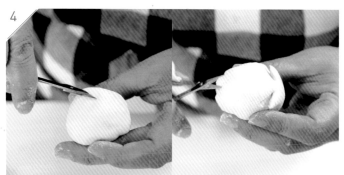

4

全部完成好，再依序以小剪刀在麵球背上剪上兩刀，尾端剪上一刀，即成白兔狀，放入蒸籠二次發酵10～20分鐘（夏短冬長）。

5

移至熱水蒸鍋上，大火蒸8分鐘，熄火，略燜1分鐘，即可移籠開蓋取包。

跟著阿芳玩麵粉的心法筆記

　　小白兔包是一般宴席餐後很受小孩喜愛的點心，也因為是在餐後享用，所以建議做小不做大，麵體質感也要鬆軟細緻才會好吃。因此低筋麵粉的比例較高，再加上足量的糖以及增進膨鬆的泡打粉，這樣做出來的麵皮才會比較像港式飲茶中的小包。

金沙南瓜造型包

材料

A. 南瓜400克、鹹蛋黃4顆

B. 中筋粉心粉1又1/2杯、低筋麵粉1又1/2杯、
   細砂糖2大匙、水約3/4杯、即溶酵母粉1小
   匙、泡打粉1小匙

C. 手粉適量

D. 中筋粉心粉1杯、泡打粉1小匙、可可粉1大
   匙、紅麴粉1/2小匙、水適量

做法

1

南瓜1/4切塊，3/4切1公分立方小丁，和蛋黃分別排在鋪上烘焙紙的烤盤上，放入烤箱
以烘烤方式烤熟，即可分別取出。蛋黃趁熱壓碎，和南瓜小丁拌成蛋黃南瓜餡。

2

B項粉料先加3/4杯水在酵母處，烤好塊狀南瓜壓碎加入，即可攪成不見水分的麵穗，再
視南瓜泥的水分微加水揉成光滑麵糰，略蓋放置5～10分鐘（夏短冬長），即成南瓜發
酵麵糰。

做造型包，可把D料麵粉加泡打粉過篩，分為兩半，一份加可可粉，另一份加紅麴粉，分別加適量水（約1/4杯），揉成光滑快發麵糰。

南瓜麵糰依喜好大小分為15～24等分，整圓，依序排好加蓋。

取第1個小球，略擀，包入蛋黃南瓜餡，收口捏合壓於下方，即可墊上防沾紙排列於蒸籠中。

阿芳的新三杯麵粉

6

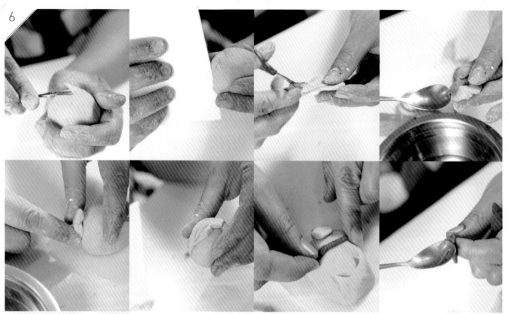

亦可將包好的球包，以剪刀剪出耳朵及尾巴，或以刮刀或湯匙做出線條，再搭配不同色彩的快發麵糰，在包子胚上做出造型，沾黏時抹少量水即可黏上。

7 / 完成包胚的時間在揉好麵糰之後的30分鐘內完成，完成後再多放置10分鐘後發酵，即可移入熱水蒸鍋，旺火蒸8分鐘即成。

跟著阿芳玩麵粉的心法筆記

　　使用蒸熟的南瓜泥揉在麵糰裡，特別容易促進麵糰的發酵，因此揉麵不要揉得太濕太軟。如果是要做親子同樂的造型麵糰，可以直接把酵母粉的用量減半，還可運用不同的天然材料，揉出不同顏色，孩子也有比較充裕的時間捏玩出不同的造型。掌握的技巧在於：揉好的麵體尚未過度發酵就要開始造型，貼在表面有顏色的麵糰也建議不要添加酵母，直接用泡打粉揉在麵粉糰中成為速發麵糰，這樣子做出來的包點才不容易因為發酵蒸熟後而膨脹變形太多。

蛋黃香菇鮮肉包

材料

A. 中筋基礎發酵麵糰1/2份（做法參見P.16）、
　　細砂糖2大匙、水1/2杯（強）、鹼粉1/8小
　　匙（亦可不用）、低筋麵粉1又1/2杯、泡打
　　粉1小匙（亦可不用）

B. 蛋黃香菇肉包餡1份、手粉適量

做法

1

A料水加鹼調化，發酵麵糰撕小塊投入略拌，加上低筋麵粉、細砂糖、泡打粉一起拌
勻，再揉成光滑麵糰。（基礎發酵麵糰不老、沒有酸氣，則不需添加鹼粉）

2

麵糰從中抓出一個洞眼，拉成輪狀，切斷變成一長條，即可抓成12小份。

3

麵糰以手整圓，略蓋鬆弛5
分鐘。

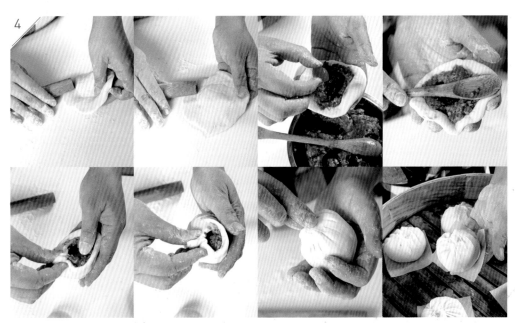

4

麵球沾上手粉，擀成外薄中厚的麵皮，包入肉餡，捏合成包子狀，墊上防沾紙，排於蒸
籠層上。

全部完成再加蓋靜置10～25分鐘（夏短冬長），即可移至冷水蒸鍋上，以中大火蒸至沸騰冒出蒸氣，再多蒸15分鐘，熄火，燜2分鐘，再移籠開蓋取包。

蛋黃香菇肉餡

材料

粗絞肉加細肥油共10兩、小香菇12朵、鹹蛋黃3個

調味料

醬油3大匙、糖1大匙、鹽1/4小匙、白胡椒粉1/4小匙、油葱酥3大匙

做法

1. 小香菇泡軟、鹹蛋黃一切為3。

2. 取1/4的絞肉炒散，加入香菇炒香，熗入醬油、糖炒香，加入1/2杯泡香菇水，略煮至水分略收，夾出香菇，加入油葱酥拌勻熄火。

3. 肉燥帶汁，加上其餘絞肉、鹽、白胡椒粉，順同方向攪拌出黏性，即可放入冰箱冷藏，冰涼後肉餡變硬才易包包子。

跟著阿芳玩麵粉的心法筆記

阿芳在臉書直播時，只要是做包子類的食物，同時上線人數一定非常踴躍，尤其是在深夜食堂貼出包子照片，有股讓人難以抵擋的吸引力。包子的內餡可以多變，再加上可運用麵粉的配比來調整外皮Q彈或鬆軟，做出來的包子很有看頭。捏包子時，打折的技巧及收口的捏合都很重要，而最重要的是在填餡到包子麵皮上時，不要忘記用餡匙把餡料往下稍按，按得跟麵皮的裙邊一樣高度，這樣拉起來捏合的包子就會呈現比較高聳的立體狀，蒸好的包子才不容易外擴扁塌。

重要技巧示範

在家蒸包子饅頭時，一次製作的分量可能因為蒸鍋大小不一，不一定能一次入鍋蒸完，有幾個重點可以留意。第一，不要把生包子胚放在熱蒸籠層上，避免底部被燙熟。第二，第一鍋包子移開後，要先取出部分熱水，加入部分冷水，稍微降溫後再把蒸籠放上去，開蒸第二籠包子。

薑葱鮮肉包

材料
包子麵糰1份（做法參見P.73）

薑葱鮮肉餡

材料
絞肉10兩、青葱花1又1/2杯、薑絲1撮、青葱2根、水1/2杯

調味料
醬油2大匙、香油1大匙、鹽1/4小匙（弱）、米酒2大匙、白胡椒粉適量

做法

1

青葱段加上薑絲、水、糖稍揉後浸泡10分鐘，去掉葱薑，成葱薑水。絞肉加入調味料，再加入3大匙葱薑水，同方向攪打出黏性，即可放入冰箱冷藏，青葱花亦洗淨切好入冰箱冷藏，冰涼後才容易用來包包子。

2 包子麵糰揉至光滑，從中抓出洞眼，拉成輪狀，切斷成長條，再抓出16等分。

3

麵球沾上手粉，擀成外薄中厚的麵皮，包入肉餡，捏合成包子狀，墊上防沾紙，排於蒸籠層上，加蓋後發酵10～25分鐘（夏短冬長），即可移至冷水蒸鍋上，以中大火蒸至沸騰冒出蒸氣，再多蒸12分鐘，熄火略燜2分鐘，再移籠開蓋取包。

完整做法影片

花素包子

材料

A. 香菇4～5朵、冬粉1紮、豆皮1捲、高麗菜
　　1/2斤、醬油2大匙、鹽1小匙、糖1小匙、胡
　　椒粉1/4小匙、香油1大匙

B. 中筋基礎發酵麵糰1/2份（做法參見P.16）

C. 水1/2杯（強）、細砂糖2大匙、低筋麵粉1
　　又1/2杯、泡打粉1小匙

D. 手粉適量

做法

1

香菇泡軟切絲，冬粉以冷水泡軟剪小段，豆皮捲切碎丁以滾水沖泡變軟瀝乾，先用香油
炒香香菇和豆皮捲，加醬油、香菇水2大匙略煮，熄火前加入冬粉炒軟，吸乾水分即可
放涼。

2

高麗菜切細丁，加上鹽、糖拌勻略放出水，擰乾水分。

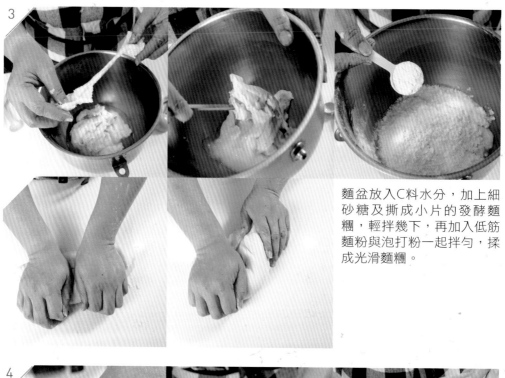

3

麵盆放入C料水分，加上細砂糖及撕成小片的發酵麵糰，輕拌幾下，再加入低筋麵粉與泡打粉一起拌勻，揉成光滑麵糰。

4

把麵糰抓分成12等分，整圓略放鬆弛5分鐘。

香菇料加上擰乾水分的高麗菜丁，加入胡椒粉，拌勻成素餡。

6

麵球拍上手粉，擀成略長的圓片，填入2大匙素餡，捏合成葉形包，排於防沾紙上。

7 / 包子包好排於蒸籠層上，略放10～20分鐘（夏短冬長），即可移至熱水蒸鍋上，大火蒸12分鐘，熄火略燜2分鐘，移籠開蓋取包。

荷葉夾刈包

材料

A. 中筋發酵麵糰1/2份（做法參見P.16）、低筋麵粉1又1/2杯、細砂糖2大匙、泡打粉1小匙、水1/2杯（強）

B. 麵粉1/4小匙、紅麴粉1/4小匙、水少許

C. 手粉適量、油1小匙

做法

1

盆中加入水，中筋發酵麵糰撕小塊投入略拌，加上低筋麵粉、細砂糖、泡打粉一起拌匀，揉成光滑麵糰。麵糰分切為10～12等分，以手整圓，再放於桌面略滾，讓麵球更光滑。加蓋靜置鬆弛10分鐘頭。

2

取麵球，以手壓扁麵球，擀成橢圓狀。

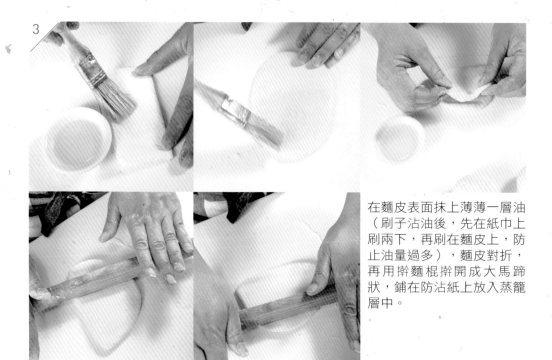

3

在麵皮表面抹上薄薄一層油
（刷子沾油後，先在紙巾上
刷兩下，再刷在麵皮上，防
止油量過多），麵皮對折，
再用擀麵棍擀開成大馬蹄
狀，鋪在防沾紙上放入蒸籠
層中。

4

紅麴加水和麵粉調勻成紅印水，用筷子頭沾上紅印水，點印在麵皮上。全部完成再放置
5～15分鐘。

5

移至熱水蒸鍋
上，以中大火蒸
至冒出氣，再多
蒸5分鐘即可熄
火，多燜1～2分
鐘，即可移籠取
包。

跟著阿芳玩麵粉的心法筆記

　　刈包又名虎咬豬，使用的麵皮是麵食中荷
葉夾的做法，可大可小，是台灣北部尾牙時
重要特色小吃。熱騰鬆軟的麵皮加上滷得入
味鹹香的肥豬肉，撒上花生粉及酸菜還有香
菜末，十分美味。因為要包上帶汁滷肉，還
要痛快大口咬下，再入口細嚼，所以麵皮質
地不只要能夠承載湯水，也不宜太硬，中筋
粉心粉和低筋麵粉各半的配比，是最完美的比例。

重要技巧示範

臘腸捲

臘腸捲

材料

A. 中筋粉心粉1又1/2杯、低筋麵粉1又1/2杯、細砂糖3大匙、泡打粉1小匙、即溶酵母粉1小匙、水1又1/4杯、油1大匙

B. 臘腸4條、醬油膏（蠔油）1又1/2大匙、糖2小匙、香油1小匙、米酒3大匙、玉米粉1小匙

C. 手粉適量

做法

1 材料B臘腸洗淨，每條對切成兩截，再切為3長片狀，放在盤中，材料B其餘部分調成醬汁淋在臘腸上，移入電鍋蒸5分鐘，即可取出翻滾沾上醬汁放涼，蒸出的油脂不留。

2 材料A揉成光滑勻細的麵糰，加蓋靜置10分鐘。

3 麵糰分為24小球，整圓依序排列加蓋鬆弛5分鐘。

4

手拍上少許手粉，拿起麵糰搓成長條狀，再放在桌板上平搓成25～30公分左右的長條。

5

把長麵條排列成M字型，以筷子夾取一段臘腸放在麵皮上，兩側麵條捏合再拉起包住臘腸，收口捏合，反向將收口向下壓於防沾紙上。

6

全部完成排入蒸籠中，再放置10～20分鐘（夏短冬長）。移至熱水蒸鍋，以大火蒸至沸騰，再多蒸7～8分鐘即可熄火，略燜1分鐘，即可移籠開蓋取包。

跟著阿芳玩麵粉的心法筆記

重要技巧示範

廣州是阿芳最喜歡的美食之地。最愛的就是一早走入廣東茶樓，感受當地人飲早茶的氛圍；更喜歡的是那一籠籠小而美、大用心的港式點心。每遇佳作阿芳就會回家練習，讓自己也能夠做出同樣的美味，這樣在家也可以享受廣東好滋味。

港式包點中，別具特色的鹹包就是臘腸捲，很多茶樓給它取了一個非常有意思的名字，叫「金鳳臘腸捲」；用廣東臘腸盤上了鬆軟的麵皮，蒸得熱騰騰，白麵皮沾上臘味油脂，就像掛上一層醬汁的台南肉包麵皮一樣吸引人。造型看起來像是米其林的圈條，很多人以為是搓成條的麵皮繞在臘腸上，阿芳吃過了很多家茶樓才得出訣竅，用好玩的M型排列法輕鬆造型，做起來順手又有成就感，蒸出來又有專業點心師傅的手藝。

梅干破酥包

材料

A. 肉絲半斤、梅干菜1朵（約半杯）、蒜末1大匙、豬油1大匙

B. 中筋粉心粉2又1/2杯、泡打粉1小匙、即溶酵母粉1小匙、細砂糖3大匙、水約1杯

C. 中筋粉心粉1/2杯、豬油3大匙

調味料

醬油3大匙、糖1大匙、米酒2大匙、白胡椒粉1/4小匙、鹽適量

做法

1

梅干菜泡軟洗淨切碎末；肉絲以刀切成肉丁。爆香蒜末，下梅干菜炒香，加入調味料和水1/2杯，以小火炒到湯汁沸騰熄火。待梅干菜放涼，再與肉餡拌至黏稠，即為梅干肉餡，可以放入冰箱冷藏，冰涼再來製作包子。

2

材料B及材料C分別揉勻，成為麵皮與油酥，各分為15等分。每一份麵皮包入一份油酥，擀成牛舌餅狀，捲起成麵捲。

3

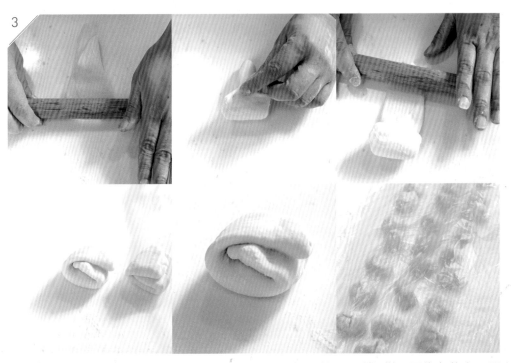

麵捲轉向，順著上方捲口向上擀開，再向下蓋疊；下方捲口順向下擀，再往上蓋合，即可折成棉被狀，並以塑膠袋加蓋保濕鬆弛10分鐘。

阿芳的新三杯麵粉

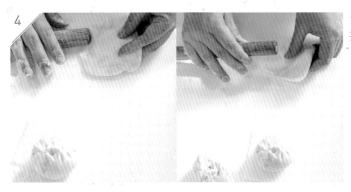

鬆弛後的麵捲塊先按扁，再擀成圓片狀。

包入餡料，捏成包子狀，墊上防沾紙，靜置5～15分鐘二次發酵（夏短冬長），移入冷水蒸鍋，以中大火蒸18分鐘，熄火蓋燜1分鐘，移籠開蓋取包。

跟著阿芳玩麵粉的心法筆記

　　破酥包是雲南很有特色的小吃，最特別的是在包子蒸熟後，除了彈牙的口感，用手撕開包子時可以看到麵皮有著一層層鬆軟的層次。這種手法是藉由小包酥的做法，在發酵的麵點當中也在包子收口的時候，產生麵皮撕裂破酥的質感。如果在麵皮包入肉餡時，因為碰到油脂不好捏合，不需重複捏緊，因為麵反彈再怎麼捏它也不會收緊，這時可以先放著，繼續擀包其他包子，等完成後再回頭把放置稍微鬆弛開口的包子重新捏合，就可以輕鬆把包子包好。

銀絲捲

材料

A. 中筋粉心粉2杯、低筋麵粉1杯、細砂糖2大匙、即溶酵母粉1小匙、泡打粉1小匙、奶水1/2杯、水約3/4杯

B. 中筋粉心粉3杯、即溶酵母粉1小匙、細砂糖2大匙、水1又1/4杯

C. 沙拉油2小匙、細砂糖2大匙、手粉適量

做法

　A料放於盆中，糖及酵母分放兩邊，水由酵母處倒入，奶水由糖處加入，以筷子攪勻至不見水分，再以乾手抓一點手粉，揉出光滑麵糰。切下1/3的麵糰，其餘整圓，加蓋略放5分鐘。

　利用Ａ麵糰鬆弛時間，另做一麵糰。酵母加入水中，並把步驟1留下的1/3麵糰摘成小塊，放入Ｂ料的粉料一起攪成不見水分的糰塊，再改用手揉成光滑麵糰，加蓋鬆弛10分鐘。（詳細做法參見P.17）

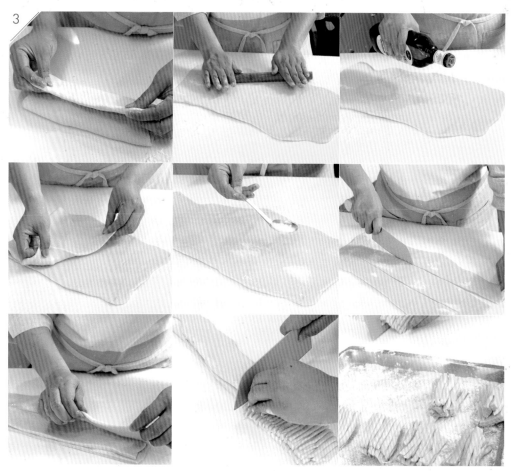

桌面撒上手粉，Ａ麵糰擀成大圓片，再折成長方片狀，重新擀開，淋上Ｃ料的沙拉油，拉起麵皮抹勻油脂，撒上細砂糖，即可用刀橫切兩刀成3長片，上下往內對蓋，改刀切成0.5公分左右的條狀，分成8份麵條紮，放入撒上手粉的盤中。

Ｂ料麵皮在撒上手粉的桌面上先擀成圓片，兩側往內折，即可折成長片狀。再次撒上少許手粉，擀開成約1公分厚的大長方片，分切為8等分。

5

將步驟4的每一長麵片略再擀開，手沾上手粉，抓起麵條紮收整放在麵皮上，翻起麵皮整成香腸狀，再以手抓成長條狀，底下墊上兩張防沾紙，放入蒸籠層蓋好，二次發酵約10~15分鐘（夏短冬長）。

6 放上冷水蒸鍋，開中大火蒸15分鐘，熄火後略放2分鐘，移籠開小縫透出熱氣，再開籠取出來放涼。

跟著阿芳玩麵粉的心法筆記

做好放涼的銀絲捲，亦可以中火炸至外皮金黃後切段。炸銀絲捲的油溫火候拿捏，是美味的關鍵。油太冷，吸油可怕；油過熱，容易焦，裡心也炸不透。最好是中溫油入鍋，以中火炸，油溫慢慢升高，外表慢慢上色，裡心也跟著炸透。最後改大火多炸30秒，逼出多餘油脂，便可炸出口感外酥內嫩的銀絲捲。

蜜汁叉燒包

材料

A. 中筋基礎發酵麵糰1/2份（做法參見P.16）

B. 低筋麵粉1又1/2杯、細砂糖5大匙、水約1/3杯（弱）、泡打粉1～2小匙（糖減量則泡打粉減少）、豬油2大匙（沙拉油亦可）

C. 小里肌肉1/2條（約10兩）、洋蔥1/2顆、油3大匙

D. 水1/2杯、玉米粉2大匙

E. 手粉適量

調味料

醬油膏3大匙、魚露1小匙、糖3大匙、香油2大匙、紅麴粉1小匙（可不用）

做法

1

小里肌肉切丁片狀，洋蔥切細丁，材料D調成粉水，以3大匙油爆香洋蔥至色深，下肉丁炒散，加入調味料炒香，再加入調好的粉水炒至沸騰，熄火，至成固態狀，即為叉燒餡。

2 / 全部材料A依基礎發酵麵糰手法揉好，放置發酵1小時。

3 / 材料B的水與細砂糖調勻，將發酵麵糰捏小片加入，再加入低筋麵粉、泡打粉，以筷子攪勻，揉成糰，加入豬油或沙拉油揉至光滑，加蓋靜置5分鐘鬆弛。

4

拿起麵糰，撒些手粉，從中間抓開一個洞，順著此洞抓捏成輪圈狀後，拆斷搓長，抓出
25等分的小麵糰。拍上手粉，從底部收圓，依序排列，並以塑膠袋加蓋保濕。

5

將小圓麵糰擀成外薄中厚的圓片，包入叉燒餡，收口壓在下面，墊上防沾紙，再排入蒸籠。

6

包子靜置5~15分鐘二次發酵（夏短冬長），以剪刀剪出十字口，移入沸騰蒸鍋，大火蒸
12分鐘，熄火略燜，移籠再開蓋取包。

跟著阿芳玩麵粉的心法筆記

正統叉燒包使用氨粉做膨大劑，讓蒸好的包體除了有粉質的口感並產生裂口，使肉餡外顯而誘人。
但因食品添加物一般家庭不易取得，阿芳的做法是將包子包好後收口反折，中央較厚實的麵皮反過來向
上，再以剪刀剪口，一蒸就呈開花狀，亦保有港式糕點的口感。

流沙奶皇包

流沙奶皇包

材料

A. 鹹蛋黃5顆、沙拉油3大匙

B. 奶水3/4杯、水1杯、細砂糖3大匙、鹽1/4小匙、玉米粉3~4大匙

C. 中筋粉心粉2杯、低筋麵粉1杯、即溶酵母粉1小匙、細砂糖5大匙、泡打粉1~2小匙（糖減量則泡打粉減少）、水約1杯（強）、沙拉油2大匙

D. 手粉適量

做法

1
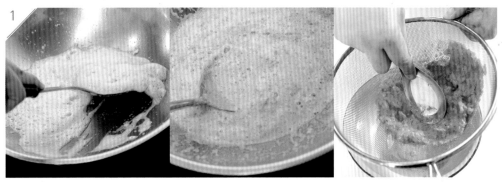

沙拉油與鹹蛋黃入鍋炒融成油泡，以鍋鏟將蛋黃壓成碎粒，熄火。（可用細網過篩一次）

2

材料B入鍋調勻，邊煮邊攪至沸騰濃稠，加入步驟1的鹹蛋黃拌勻。倒入保存容器，放涼冷藏至變固態狀，亦可放入冷凍冰至半硬狀。

3

將材料C的水與酵母先調勻，倒入麵粉、泡打粉及細砂糖，以筷子攪拌至水分被吸乾。改以乾手抓揉成光滑麵糰，加蓋靜置10分鐘。

4

將麵糰搓長，分成25等分，拍上手粉，擀成外薄中厚的圓片。

5

包入1小匙奶皇餡，收口捏合壓在下方，鋪上防沾紙，排入蒸籠，靜置15～20分鐘（夏短冬長），表面呈鬆發狀即可移入冷水蒸鍋，以中大火蒸10分鐘，熄火略燜再移籠開蓋。

跟著阿芳玩麵粉的心法筆記

　　隨著冷凍食品的發達，要買到港式包點並不難，不過像奶皇包這種傳統包點，因為成本還有期待湯汁爆漿流出的質感，往往添加了過多的香精及油脂。在家自行製作可以隨著包包子的技術來調整奶皇餡的濃稠度，不管濃或稀，只要能夠包得好，使用材料又是安心的真食物，吃起來都美味。

雞油馬拉糕

材料

A. 全蛋3個、蛋黃2個、細砂糖1/2杯、溫涼水1
又1/2杯、即溶酵母粉1小匙

B. 高筋麵粉1杯、低筋麵粉2杯

C. 細砂糖1/2杯、小蘇打粉1/4小匙（強）、雞
油3大匙

做法

可用在市場買的新鮮雞油
塊，加少許油在鍋中炸出液
態雞油，除去油渣放涼備
用。

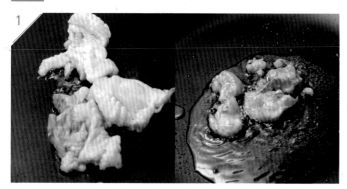

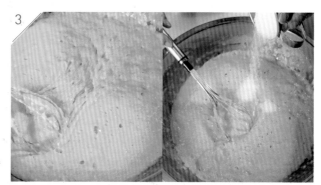

溫涼水加上酵母調化備用。

全蛋3個、蛋黃2個加入細砂糖在盆中調勻。麵粉過篩
加入蛋液後，再加入酵母水，調成麵糊，加蓋發酵1小
時。

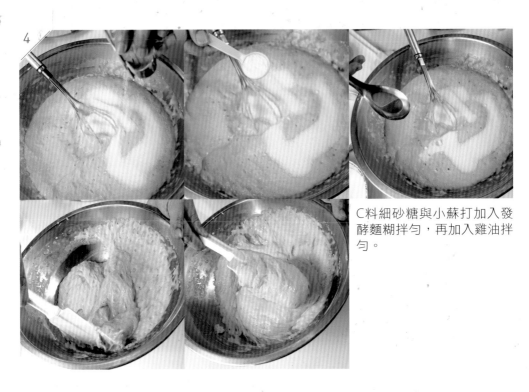

4

C料細砂糖與小蘇打加入發酵麵糊拌勻,再加入雞油拌勻。

5

在容易導熱透氣的烤模上,配上一張底紙,再把麵糊倒入鋪在盤中至八分滿。

6

移入沸騰蒸鍋，以大火蒸15～18分鐘。以竹籤刺探，不沾黏粉料即成。（若蒸模小、蒸糕厚，則時間需拉長。）出鍋後，放涼，模邊先剝離，倒扣後撕去底紙，即可切塊食用。

跟著阿芳玩麵粉的心法筆記

馬拉糕比較正確的發音應該是「馬來糕」，阿芳稍微查了一下它的身分，據說是馬來西亞曾經為英國殖民，英式下午茶的蛋糕到了馬來，就由華人點心師傅就地取材，轉換成了帶有椰香的蒸蛋糕；再流傳到香港廣東一代，成為廣東茶樓裡很有特色的糕點，廣東口音說著說著就成了馬拉糕。

隨著時代改變，傳統手藝同樣面臨挑戰。過去使用發酵手法製作這個糕點，但是濕度高的漿體不易掌握，所以很多茶樓或網路的配方，多半使用化學膨大劑來製作。阿芳在廣州尋找美味已有30年，品嚐過最經典的口味，就是阿芳後來複製的這個雞油馬拉糕——以酵母的發酵手法，少了大量化學膨鬆劑的礙口氣味，還有特別的雞油香味，是一般沒有吃過的人很難理解的美味，喜歡的朋友不妨一試。

一盤成功的馬拉糕，除了發酵漿體的掌握，選擇的器皿導熱性要高。市售的鋁箔模型搭配炒菜鍋，用旺火來蒸，是很好的選擇。漿體發酵好就可以看得出馬拉糕橫眉豎眼的膨發質地！廣東人吃馬拉糕吃得精，大大一籠馬拉糕切塊分食，特別喜歡靠籠邊的部位，說是因為被蒸籠擋住水氣，這個部位特別好吃，是不是真的這樣大家可以自己做來試試看。

桂圓核桃棗香發糕

A. 紅棗3/4杯、黑棗1/4杯、水1又1/4杯

B. 桂圓肉1/2杯、米酒1/4杯

C. 溫偏涼水1杯、即溶酵母粉1小匙

D. 高筋麵粉1杯、低筋麵粉2杯、黑糖3/4杯

E. 油3大匙、小蘇打粉1/2小匙（弱）

F. 烤香核桃1/2杯

做法

1

A料棗子加1/4杯水，放在淺盤、桂圓肉切碎加米酒放在小碗，兩樣材料一起放入電鍋蒸10分鐘。

2

取出棗子以剪刀剪去果核，留下棗肉及蒸出的棗子水，再用調理機加半杯水打成棗泥，倒出後再用半杯水搖杯洗淨，全數混合成為棗泥備用。

C料調勻。除了黑糖外，其餘D料還有棗泥漿拌成麵糊，再加入黑糖，加蓋靜置發酵1～1.5小時（夏短冬長），過程中可再拌2～3次使結粒黑糖完全溶解。

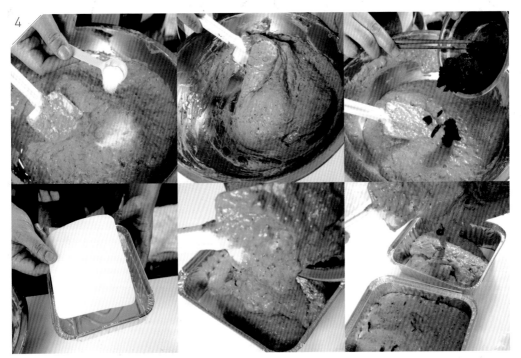

4

把E料的油及小蘇打粉加入拌勻，將桂圓肉拌入，即可倒在底部墊了紙的蒸模中（本書中使用長16.8X寬13.8X高5.3公分的市售公版鋁箔模），至八分滿。

5

表面撒上核桃碎。移入沸騰蒸鍋，以大火蒸30～35分鐘。以長竹籤刺探，不沾粉料即成。（若製作成小型發糕，則約15分鐘可蒸熟。）亦可使用電鍋來蒸，蒸至以長竹籤刺探，不沾粉料即成。

跟著阿芳玩麵粉的心法筆記

　　想要發糕發得高，盛裝的容器導熱性要高，糕漿填模的高度最好達模型的八分滿上高度，再放入水氣沸騰的鍋子，並減少熱力的流失，這樣才能夠蒸出開花裂口的發糕。

烤來烤去真有趣

麵粉配上不同的副材料調味點綴，就像是女人穿上不同風格的衣裳——搭配西式風格配料，就如同女人穿上洋裝，顯得異國風情又大方出眾；配上中式食材用料，就像換上旗袍，變身氣質婉約典雅，各具特色。巧妙打扮、用心塗抹，再送進烤箱烤來烤去，成就了難以抗拒的金色魅力。

白吐司

材料

高筋麵粉2又1/2杯、低筋麵粉1/2杯
細砂糖3大匙、鹽1小匙、奶粉2大匙
即溶酵母粉1小匙、水1又1/4杯、奶油2大匙

做法

1

全部材料除奶油外，依序投入攪拌機中，水由酵母處加入，攪打成不見水分的糰塊，再加入奶油以中速攪打5分鐘，再以高速攪打2分鐘，略停10分鐘，再以低速攪打5分鐘，即可整好麵糰，放置溫暖處發酵1小時。（此過程亦可用麵包機以「攪打發酵功能」完成）

2

發酵好的麵糰分割成4等分，以手整圓，加蓋置靜15分鐘。

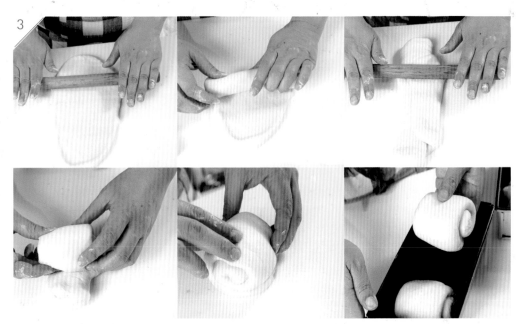

麵糰擀開捲起，轉向再擀開捲起，將各兩捲麵糰排放於長條的模型中。（本書使用模型為21×10×8公分的磅蛋糕模型。）

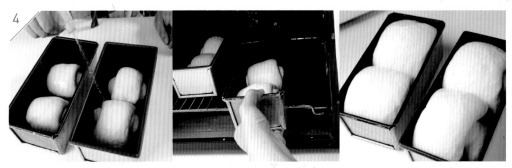

噴水後放入溫暖烤箱以40～50℃後發酵50～60分鐘。

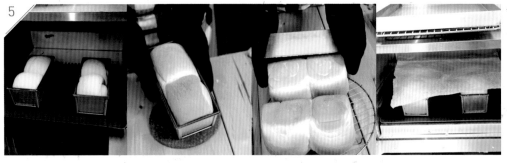

烤箱預熱至180℃，將發酵後的麵包體放入下層烘烤30分鐘，取出用力敲震兩下，即可脫模放涼。（若烘烤時吐司上頂已見上色，可用烘焙紙稍加遮蓋，防止上頂烤焦。）

白吐司在西方飲食中的定位就如同東方人吃的白飯，簡單卻耐吃，所以應該是一般在家玩麵粉的人最想挑戰的食物。要找到做吐司的配方不難，利用方便的麵包機也可以輕鬆將需要費力搓揉的麵糰給打出筋膜，還能提供很棒的發酵環境和溫度，是在家裡做麵包很便利的機器。只不過用麵包機全程做吐司，往往不同的機器條件就會產生不同的結果，成品的美味度相對大打折扣，所以麵包機往往很快就被閒置。

阿芳家雖然有攪拌機，但是在製作麵包時，我還是習慣利用麵包機幫我揉麵糰和發酵，在不需照顧的狀態下就可完成。接下來只要補上整型入模的工序，要烤出有質感的吐司一點都不難。

倒是這麼多年來，阿芳並沒有因為常常在家做吐司而再添購專業的吐司模，並不是不想多花錢，而是發現烤模和烤箱其實有很重要的對應關係。一般市售公版的吐司模多半偏大偏高，家庭烤箱的空間及熱源管太靠近，烘烤時會把吐司胚烤得過於上色而外皮發乾。因此三杯麵粉的配方還是習慣用兩個標準磅蛋糕的模型做，搭配家用烤箱，自然可以做得非常漂亮。如果家裡的烤箱空間沒有那麼大，利用阿芳的方法，再加上後段在吐司上稍微加蓋一張烘焙紙，可以減弱麵包機熱源管的直接接觸，才不會把吐司烤得焦頭爛額。

想要學著判斷吐司結構是否完美，也可以測測麵包的BMI值：（麵包成品的長×寬×高）÷麵包的重量。如果數字是落在5.5到6之間，基本上就是一條發酵比例很不錯的麵包，吃起來口感應該不至於太差。這是一個好玩的遊戲，也能判斷麵包發酵的體積、烤出的成果是否好吃，慢慢多做就會掌握到訣竅。

$$BMI＝（20×9×13.5）÷體重405＝6$$

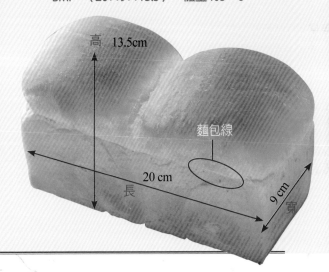

高 13.5cm

麵包線

20 cm

長

9 cm

寬

跟著阿芳玩麵粉的心法筆記

在家做麵包多半就是求安心健康，因此不會添加許多技術性的改良劑，做好的麵包隨著放置的時間久了，變硬是很自然正常的現象。保存時只要在麵包退去熱氣後一個個單獨包好不外露；而長時間保存最好的方式就是將麵包放入冷凍，這樣就可以讓麵包停止老化。雖然麵包是烘烤的麵食，但是阿芳在家習慣用電鍋復熱：在鍋中放兩湯匙的水，就足以把整個麵包蒸軟，也不會有過多的水氣，再多放幾分鐘用電鍋的餘溫乾烘，就會像專業的蒸烤箱一般，把麵包烤至既柔軟又不過度濕潤的出爐狀態。

阿芳聊聊天
（吐司的BMI）

麥香小餐包／酒漬葡萄乾餐包

A. 高筋麵粉1又1/2杯、全麥麵粉1又1/2杯、黑糖3大匙、奶粉3大匙、即溶酵母粉1小匙、水1又1/4杯、奶油2大匙
B. 酒漬葡萄乾適量
C. 手粉少許

做法

材料A的粉料全部放入麵包機的攪拌桶中，水由酵母處加入，啟動「攪拌＋發酵」的功能。拌成粗糰後再投入奶油，攪打至完成並發酵，全程發酵時間約在1.5小時完成。

取出發酵完成的麵糰分割成30小球，分別整圓，蓋上抹油塑膠袋後，靜置鬆弛10分鐘。

取小麵球包入1小匙酒漬葡萄乾，收口捏合壓於下方，排列於烤盤中，並依序完成，略間隔排列，即可製作全盤式餐包。

亦可以手按推滾的技巧將麵球整成橄欖狀，排入烤盤中，即為小餐包胚。

5

麵胚完成後噴水，移入溫暖
烤箱中，二次發酵35分鐘。

6

在麵包上噴水，撒上一層乾粉。將麵胚移入烤箱，烘烤12～15分鐘完成。取出烤
盤，用力敲震兩下，即可將麵包離盤散熱。

酒漬葡萄乾做法

做法

取乾淨玻璃瓶放入葡萄乾，再倒入蘭姆酒
或威士忌酒至半身高度，墊上一張防沾紙
再蓋上瓶蓋，浸泡一日後，把瓶子倒立再
放置一日，即可讓葡萄乾浸泡完全。放於
室溫保存即可。

跟著阿芳玩麵粉的心法筆記

　　如果家裡只有中小型的烤箱，用來製作小型的餐包可以做出很
好的效果，因為麵包的成品體積變小了，和家裡的烤箱尺寸比較契
合。阿芳常常形容這叫小朋友開玩具車，不只可愛，而且烤好的成
品口感也會令人滿意。當然，也可以將這個麵糰分量做成10～12個
小麵球，外表沾上芝麻，就成了漢堡麵包。

熱紅酒麵包

材料

A. 紅酒1杯、八角2粒、丁香7〜8粒、柳橙皮片 1把、肉桂1小段

B. 水1/2杯、即溶酵母粉1又1/2小匙

C. 高筋麵粉2又1/2杯、低筋麵粉1/2杯、鹽1小 匙、二砂糖1大匙

D. 手粉2大匙

做法

1 /
材料A放在杯中， 隔水加熱至沸騰， 熄火放涼後過濾。

2 /
B料調勻放置5分鐘 成酵母水。

3 /

C料放入麵包機，加上酵母水拌勻，再倒入過篩紅酒攪勻揉成光滑發酵麵糰（揉製加發酵共約1.5小時）。

取出發酵麵糰切割成8等分，整圓排列於烤盤上。

噴水後放入溫暖的烤箱中，二次發酵40～50分鐘

取出麵包盤，烤箱開始加熱至180℃，在麵包胚上噴水，透過網篩灑上一層麵粉。

7

以剪刀在麵包胚表面剪出十字刀口，並插上丁香裝飾。

8

移入烤箱以180℃火力烤20～25分鐘，取出用力敲震兩下即成。

跟著阿芳玩麵粉的心法筆記

　　在歐洲旅行冬天很容易在市集街上看到賣熱紅酒的攤位，那種在紅酒中加入各種不同香料，再經過加溫後產生的香氣，天冷時是一種誘人的吸引力。阿芳把在旅行中對食物的感受，變化成這一道熱紅酒麵包，不管是製作過程或是成品視覺，對於在家手做都是一種享受。只不過因為整個麵包的酒精比例偏高，容易把酵母的活性給降低，因此在這個配方中，酵母的比例會比一般麵包稍微來得高一些，還要記得先用一點溫開水把酵母激活後，先和麵粉拌勻，才能夠調入放涼的紅酒，這樣做出來的麵包才會發得漂亮。

古早味果醬麵包

材料

A. 高筋麵粉2又1/2杯、低筋麵粉1/2杯、二砂糖3大匙、奶粉2大匙、鹽1小匙、即溶酵母粉1小匙、水1又1/4杯、奶油2大匙（此配方為甜麵包發酵麵糰）

B. 牛奶3大匙

C. 果醬3/4杯、椰子粉1/2杯

做法

1

材料A的麵粉放在盆中，在一邊放上砂糖、鹽、奶粉，另外一側放上酵母粉，水由酵母粉處加入化濕，先攪打至不見水分的粗麵糰，加入奶油打成光滑出筋膜的麵糰，再進行發酵，全程約1.5個小時。

2

發酵完成的麵糰分割成14個小球，分別整圓，蓋上抹油塑膠袋靜置鬆弛5分鐘。

3

麵糰輕輕搓成長圓狀,排入
烤盤中,略噴水,即可移入
溫暖烤箱中二次發酵40～50
分鐘。

4 / 取出麵包烤盤,烤箱預熱至170～180℃。

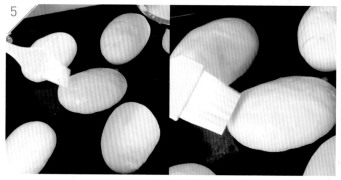

5

麵包胚刷上一層牛奶,移入
烤箱烘烤15～18分鐘,取出
用力敲震兩下。

麵包放涼後，取兩個中間抹上果醬對貼，切成兩半，在彎口面再抹上一層果醬，滾沾上一層椰子粉即成。

跟著阿芳玩麵粉的心法筆記

在成長過程的求學階段，一定有機會吃到各式各樣的甜麵包，這些有著不同風味造型的甜麵包，在我們步入中年後就會形成一種很有趣的食物回憶。因此阿芳總會利用製作家庭麵包的機會，把這些動人的食物記憶再重新感受一下。摒棄專業麵包應該有的高糖高油原則，阿芳運用簡單的量杯量匙配方，再搭配不同的天然食材製作出來的內餡，運用不同的整型技巧，就可以做出口味變化、樣型巧妙不同的家庭麵包，這樣的麵包輪番在家庭出現，也能讓家裡變成吸引人的麵包店。

重要技巧示範

欖型麵包

材料

甜麵包發酵麵糰1份（做法參見P.125）

（高筋麵粉2又1/2杯、低筋麵粉1/2杯、二砂糖
3大匙、奶粉2大匙、鹽1小匙、即溶酵母粉1小
匙、水1又1/4杯、奶油2大匙）

做法

1

發酵麵糰分割成16個小球，分別整圓，蓋上抹油塑膠袋靜置鬆弛10分鐘。

2

以手指推滾的技法將麵球整成橄欖狀，即可排入烤盤。

3

完成後噴水，移入溫暖烤箱中二次發酵40～50分鐘。

4

烤箱預熱至170℃開烤，進烤箱前在麵胚上刷上一層牛奶，烤約18分鐘完成，取出烤盤敲震兩下，放涼麵包即為欖型甜麵包。

肉鬆麵包

欖型麵包1份、肉鬆1又1/2杯，沙拉醬1/2小條

1

沙拉醬剪小口，擠在麵包上，沾上肉鬆即可。

肉鬆麵包

薯泥麵包

材料

A. 甜麵包發酵麵糰1份（做法參見P.125）、牛奶3大匙、麵包粉4大匙

B. 馬鈴薯2個、紅蘿蔔1/2根、蛋2個、沙拉醬4大匙、鹽1/4小匙、白胡椒粉適量（適個人喜好）

C. 小黃瓜片適量、法式芥茉醬隨意

做法

1 馬鈴薯帶皮、紅蘿蔔去皮蒸熟放涼；蛋放小鍋加冷水起煮至沸騰，再多煮5分鐘放涼。

2

馬鈴薯撕皮切細丁、紅蘿蔔切丁，以鹽、胡椒粉略拌勻，再拌入沙拉醬，最後拌入切丁水煮蛋，即為薯泥沙拉。

3

將發酵麵糰分割成16個小球，整圓後蓋上抹油塑膠袋靜置鬆弛10分鐘。以手指推滾的技法整成橄欖狀。

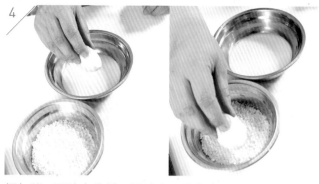

麵包胚一面沾上牛奶，再沾上一層麵包粉，即可排入烤盤。

烤箱預熱至170℃開烤，烤約18分鐘完
成，取出烤盤敲震兩下。

麵包放涼，從中間剖一開口，開口處可視個人喜好，抹上芥茉醬，再填上薯泥沙拉，插
上兩片小黃瓜裝飾即可。

跟著阿芳玩麵粉的心法筆記

　　在阿芳家，薯泥和肉鬆這兩款鹹味麵包的受歡迎程度名列前茅，不過由於薯泥沙拉夾在麵包內、肉鬆沾
在麵包上，所以阿芳會把做好的麵包一個個包妥放進冰箱冷藏保存，如此一來保鮮條件才足夠，等到要食用
時，只要用微波爐稍微加熱30秒，一樣有很好吃的口感。

紅豆麵包

紅豆麵包

材料

A. 甜麵包發酵麵糰1份（做法參見P.125）

B. 紅豆餡：蜜紅豆2杯、水1杯、玉米粉2大匙、麵粉1大匙、鹽1/4小匙

C. 牛奶3大匙、黑芝麻少許

做法

1

材料B的玉米粉和麵粉加入水、鹽調化，再加入蜜紅豆以筷子拌勻，煮至濃稠沸騰後熄火，盛碗放涼冷藏凝固，即為固態軟質紅豆餡。

2　材料A發酵麵糰完成後分為14等分，分別整圓，蓋上抹油塑膠袋靜置鬆弛15分鐘。

3

取麵球擀成圓片，包入2大匙量的紅豆餡，手略壓扁，收口捏合壓於下方排入烤盤。

全部完成後噴水，移入溫暖烤箱中，二次發酵45～50分鐘。取出烤盤，烤箱預熱至170～180℃。

麵包胚刷上一層牛奶，中間點上少許黑芝麻後，移入烤箱，以170～180℃爐溫烘烤約20分鐘即成。取出烤盤，用力敲震兩下，即可將麵包離盤散熱。

蜜紅豆做法

材料

紅豆1斤、水5又1/2杯、二砂糖12兩、鹽1小匙

做法

1. 紅豆不洗不泡，放入小鍋中，添水淹過豆子，開火煮至沸騰，倒去浮在水面的壞豆，重新洗淨。

2. 重新加水5又1/2杯，以快鍋加熱至沸騰後，續煮15分鐘，熄火。（也可使用電鍋加外鍋水1杯半，重複煮2次。）

3. 確認紅豆完全熟軟綿細，趁熱加入二砂糖和鹽拌勻，倒入保鮮盒中，放涼即成。

跟著阿芳玩麵粉的心法筆記

製作麵包的內餡時，需要留意的是內餡食材在冷和熱時的水分表現，如果用的只是簡單的蜜紅豆，加熱後的麵包就會因為紅豆釋出的糖液而變得濕爛，因此需要多添加玉米粉和麵粉來煮過，這樣才能形成軟質有穩定性的紅豆內餡，包在麵包裡就會有很棒的口感。

芋頭麵包

材料

A. 甜麵包發酵麵糰1份（做法參見P.125）

B. 芋頭1斤、二砂糖1杯、鹽1/2小匙、油2大匙、奶水3/4杯、麵粉5～6大匙

C. 高筋麵粉（手粉）適量、牛奶（調稀奶水）少許、杏仁片2大匙

做法

1

材料B的芋頭切大塊蒸熟，趁熱壓成泥，拌入材料B其餘部分，盛在深盤中，移入蒸鍋蒸20分鐘，取出放涼即成固態芋泥餡。

2

材料A的麵糰發酵完成，分割成16個小球，分別整圓，蓋上抹油塑膠袋靜置鬆弛15分鐘。

3

帶上手套略抹油，把芋泥餡按成扁片狀備用。

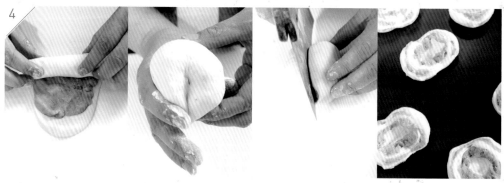

取麵球擀成長圓片，鋪上一層芋泥餡，捲起，兩端向下收合，以切麵刀順型切開口，往兩向攤平，即成展餡的拖鞋麵包狀。

5 / 依序完成排入烤盤，噴水移入溫暖烤箱，二次發酵40～50分鐘。

取出麵包烤盤，烤箱預熱至170～180℃，麵包上刷上一層牛奶，撒上杏仁片。移入烤箱，以170～180℃爐溫烘烤約20分鐘即成。取出烤盤，用力敲震兩下，即可將麵包離盤散熱。

跟著阿芳玩麵粉的心法筆記

愛吃芋頭的朋友一定要試試看這個芋泥餡。寶島台灣有很棒的芋頭品質，物美價廉，做成芋泥餡，不用添加香精就有極佳的口感，拿來製作麵包分量十足，吃起來貨真價實。當然，做好的芋頭餡不只能夠用在做麵包，還可以拿來做芋頭酥，甚至在過年的時候，阿芳會加上一些有顏色的食材配料，做成一碗倒扣出來非常美味的八寶芋泥。

皇冠地瓜麵包

皇冠地瓜麵包

材料

A. 紅心地瓜半斤、二砂糖2大匙、鹽1/4小匙、油1/2大匙、奶水2大匙、麵粉3大匙
B. 甜麵包發酵麵糰1份（做法參見P.125）
C. 高筋麵粉（手粉）適量、牛奶3大匙、杏仁片2大匙

做法

A材料的麵粉放在盆中，地瓜切大塊蒸熟，趁熱壓成泥。拌入材料A其餘部分，盛入深盤中，移入蒸鍋蒸20分鐘，取出放涼，再移入冰箱冷藏，即成固態不爆漿地瓜餡。

2 / 發酵麵糰完成，分割成16小球，分別整圓，蓋上抹油塑膠袋靜置鬆弛10分鐘。

3

取麵球擀平，包入2大匙量的地瓜餡，收口捏合，略按扁，再擀成長橢圓片，兩向對貼，在平底處以麵刀切3～4刀紋開口。

4

把麵皮再展開即可扭旋成條柱狀,順勢整編成繡球皇冠狀,收口捏合於下方,即可排在烤盤上。完成後噴一次水,移入溫暖烤箱中,二次發酵40～50分鐘。

5

取出麵包盤,預熱烤箱至170～180℃,麵包刷上一層牛奶,中央點綴杏仁片。

6 / 移入烤箱,以170～180℃爐溫烘烤約18～20分鐘即成。取出烤盤,用力敲震兩下,即可將麵包離盤散熱。

跟著阿芳玩麵粉的心法筆記

　　製作皇冠造型麵包時,因為切割的線條比較多,所以後發酵的速度會比較快,如果在氣候炎熱的環境下,後發酵的時間可以稍微減少,這樣做出來的麵包才不會過於粗糙。

葱阿胖

材料

A. 甜麵包發酵麵糰1份（做法參見P.125）

B. 葱青尾2杯、葱花1/2杯、咖哩粉1小匙、鹽1小匙、香油1小匙

C. 蛋1顆

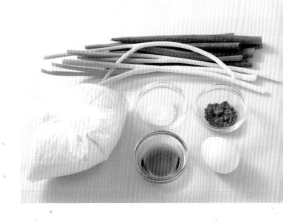

做法

1 / 將發酵麵糰分成為14等分，分別整圓，加蓋靜置15分鐘。

2

麵球擀扁，以切刀切成三叉狀，編成辮型收尾捏合，壓在下方，排入烤盤。

3 全部完成後，稍噴水，移入溫暖烤箱，以40～50℃左右溫度發酵40分鐘。

4 取出麵包盤，麵包胚表面刷上蛋液，烤箱預熱至170～180℃。

5

剩餘蛋液加上B料拌勻，鋪放在後發變大的辮包上方。

6 移入烤箱，以170～180℃爐溫烘烤約15～18分鐘即可。（過程中麵包表面若上色，可以烘焙紙稍蓋。）完成後，取出烤盤，用力敲震兩下，即可將麵包離盤散熱。

🏷 跟著阿芳玩麵粉的心法筆記

　　用於製作葱麵包的葱花要稍微講究一些，以黏液較少的葱青尾巴為主，添加少許葱白的葱花，不要切得過於細小，這樣烤好的葱花麵包才會顯得大器漂亮。另外，在烘烤的後段若表面已經上色，可以用烘焙紙稍微遮蓋，才不會讓青葱過度烤焦。

花生麵包

花生麵包

材料

A. 甜麵包發酵麵糰1份（做法參見P.125）

B. 麵粉3大匙、花生粉1杯、糖粉1/2杯、油2大匙、冷開水4大匙

C. 牛奶3大匙、堅果粒2大匙

做法

1

麵粉在鍋中炒至微黃飄香，熄火，加上其餘B料揉成花生餡，即可分為12～14等分。

2 / 麵糰分切為14等分，整圓加蓋靜置15分鐘。

3

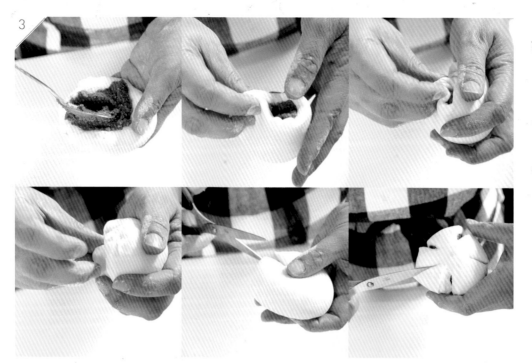

取麵糰包入花生餡球，收口捏合略按扁，以剪刀在周圍剪出花邊缺口，排在烤盤上。

4

在麵包胚上噴水，移入溫暖烤箱二次發酵40～50分鐘。

5

取出麵包盤，刷上一層牛奶，撒上少許堅果粒，烤箱預熱至180℃。

6　移入烤箱以170～180℃的爐溫烘烤15～18分鐘即成。

菠蘿麵包／叉燒小餐包／菠蘿叉燒

材料

A. 甜麵包發酵麵糰1份（做法參見P.125）

B. 菠蘿酥皮：奶油1/3杯、糖粉1/2杯、奶粉2
大匙、鹽1/4小匙、蛋汁1/2個、低筋麵粉1
杯

C. 叉燒餡1份（做法參見P.97）

做法

1 ／ 發酵好的麵糰分割成14等分，分別整圓，加蓋發酵15分鐘。

2

取一容器，放入軟化奶油1/3杯、糖粉1/2杯、奶粉2大匙、鹽1/4小匙攪打均勻，加入蛋汁拌勻後，再加入低筋麵粉1杯，拌勻後分成14等分，成為菠蘿酥皮備用。

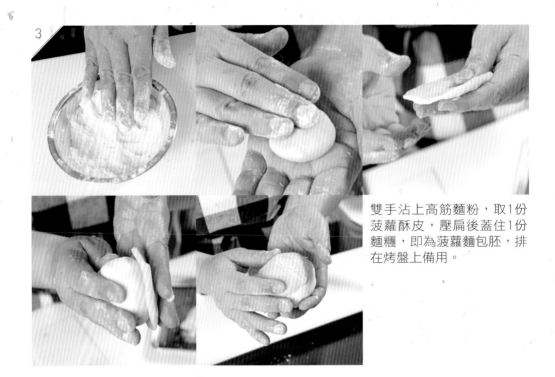

雙手沾上高筋麵粉，取1份菠蘿酥皮，壓扁後蓋住1份麵糰，即為菠蘿麵包胚，排在烤盤上備用。

以切麵刀在酥皮上劃出格紋，噴上少許水，放入有微溫的烤箱中做最終發酵50～60分鐘。

5 / 取出烤盤，在酥皮刷上蛋液後放回烤箱，以170～180℃的爐溫烤18分鐘，至酥皮金黃上色即可。

叉燒小餐包／菠蘿叉燒

材料

A. 甜麵包發酵麵糰1份（做法參見P.125）

B. 菠蘿酥皮1份（做法參考P.151）

C. 叉燒餡1份（做法參考P.97）

做法

1. 甜麵包發酵麵糰依需求分割成24等分（叉燒小餐包）或12～14等分（菠蘿叉燒），分別整圓，加蓋靜置10～15分鐘。

2. 取鬆弛後的麵球，按扁，包入叉燒餡，收口捏合壓於下方，排入烤盤，麵胚之間需預留膨脹空間。

3. 亦可將麵球擀平後，包入放涼叉燒餡，填料壓低，收口捏合，再貼上酥皮。

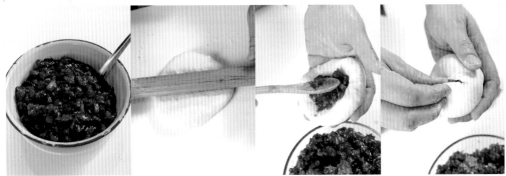

4. 噴上少許水，放入有微溫的烤箱中50～60分鐘二次發酵。

5. 移入預熱至170～180℃的烤箱中，烘烤18～20分鐘即成，烤好後可在小餐包上頂抹少許油。

維生素A⁺麵包

材料

A. 甜麵包發酵麵糰1份（做法參見P.125）
B. 蒸熟紅蘿蔔丁1/2杯、甜玉米粒1罐
C. 蛋1顆、沙拉醬1小包

做法

1　　發酵麵糰分割成12等分，整圓，加蓋靜置15分鐘。

2

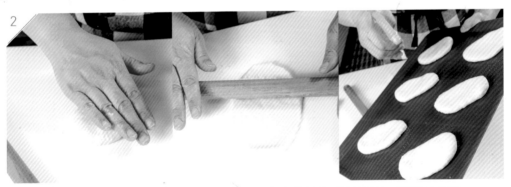

把麵球按扁，擀成橢圓厚片，依序排入烤盤。噴水後移入溫暖烤箱，發酵40分鐘。

3

取出麵包盤，烤箱預熱至180℃，以叉子在麵包胚中央部位刺洞，並刷上蛋液。

剩餘蛋液加上B料紅蘿蔔丁、瀝乾玉米粒一起拌勻。

在麵包胚中央鋪上玉米餡，沙拉醬包在袋子裡，剪出一個小袋口，將沙拉醬擠成細條於餡料上。 送入預熱烤箱中層以170～180℃火力，烘烤15～18分鐘即成。

跟著阿芳玩麵粉的心法筆記

　　現代人手機不離身，每天用眼過度，玉米和胡蘿蔔都含有護眼的維生素A及玉米黃素，加上需要油脂來帶動營養成分的吸收，所以擠在上方的沙拉醬變得理所當然，是一個兼具美味又有時代需求的家庭麵包。

港式椰蓉麵包

港式椰蓉麵包

A. 甜麵包發酵麵糰1份（做法參見P.125）
B. 椰子粉1杯、糖粉1/3杯、奶油4大匙、麵粉1大匙
C. 蛋1顆

做法

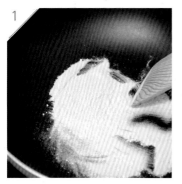

1　B料麵粉以乾鍋炒香放涼。

2　放涼麵粉和其餘B料揉成糰，分成12小球，即為椰子餡。

3　發酵麵糰分割成12等分，整圓，加蓋靜置15分鐘。

4

取麵糰包入椰子餡,收口捏合,收口在上擀成牛舌狀,捲起成麵捲,收口壓於下方,再以鐵湯匙,從麵捲中央壓劃出缺口。

5

把麵捲缺口翻開,排於烤盤上。全部完成,噴一次水,放入溫暖烤箱後發酵40分鐘。

6

取出麵包盤,把烤箱預熱至170～180℃,在麵包胚上刷塗一層蛋汁。

把烤盤放入烤箱,以170～180℃的爐溫,放中層烘烤15～18分鐘。

跟著阿芳玩麵粉的心法筆記

在阿芳的成長記憶中,小學放學後從學校走路回家的路程中,有一家台南非常知名的糕餅舖「舊永瑞珍」,除了製作喜慶的喜餅,最精彩的就是每天經過店門口時,放在玻璃櫃裡擺在白盤上那一顆顆剛出爐的麵包。其中最吸引人的,就是擋也擋不住的椰子麵包香,金黃的色澤夾著濃濃的椰子奶油香,如果口袋中有足夠的零用錢,我一定不會錯過。後來這家餅舖不再製作麵包,這樣子的美味也就沒有機會再品嚐到。直到阿芳自己會做麵包,才憑著對食物的記憶,自己手做把這個香氣重新找回來。捲花露餡的形式也是阿芳根據記憶中麵包的樣型,以家裡隨手可得的湯匙當成器具劃出開口,麵包烘烤後就會形成非常漂亮的露餡樣。

軟法脆皮麵包／歐風香料麵包

材料

A. 高筋麵粉2又1/2杯、低筋麵粉1/2杯、二砂糖1大匙、鹽1小匙、即溶酵母粉1小匙、水1又1/4杯、橄欖油2大匙
B. 水適量（裝入噴水壺中）、麵粉2大匙、義式香料適量

做法

A料兩種粉料放入盆中，鹽、糖放一邊，即溶酵母粉放一邊，水由酵母處沖入，以筷子攪至不見水分的粗糰，再加入橄欖油，揉成光滑麵糰，加蓋鬆弛10分鐘後，再重複揉第二次約三分鐘，如此技巧重複第三次，讓麵糰更光滑細緻，即可加放置1小時成發酵麵糰。（此做法可直接以麵包機設定「攪拌加發酵」的功能，約1.5小時可完成發酵麵糰。）

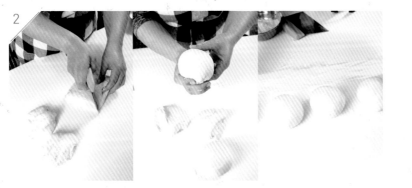

取發酵麵糰，切分為4等分，整圓加蓋，鬆弛15分鐘。

3  取防沾紙，配合烤盤大小折成淺凹槽，鋪放在烤盤上。

4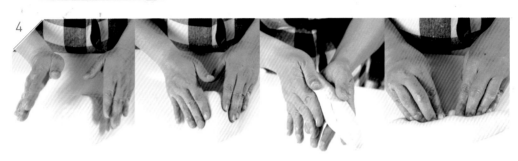

取出鬆弛後的麵球，輕拍出空氣，擀成橢圓片，捲成長條捲狀，下方收口捏合，搓成長條狀，排在防沾紙上，全部完成。

5

亦可在麵包整型後，在表面沾一層水，再沾上一層義式香料。

6  噴一次水，放入溫暖烤箱中，二次發酵40～50分鐘。

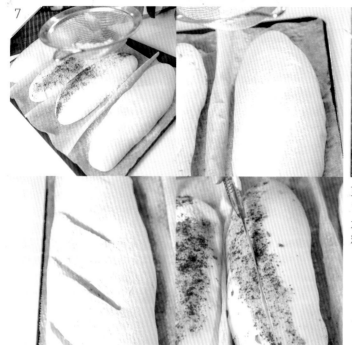

取出烤盤，烤箱預熱至180℃，在麵包胚上噴一次水，以小篩網灑上一層麵粉，以薄片利刀劃出裂口。

8

移入烤箱烘烤30分鐘，在最後5分鐘，打開烤箱，再噴一次水，烤至麵包上色，出爐後用力敲震一下即可。

跟著阿芳玩麵粉的心法筆記

這個麵包在阿芳家的能見度極高，因為配方簡單，所以經典耐吃，不管是單吃或是加上不同的抹醬與香料，立刻有不同的風味呈現。三杯麵粉一次做四條，吃個兩天，方便又省事。只不過手做麵包並無多餘的改造添加物，所以記得在麵包冷卻後，將麵包側身立放切片——將受烤的上下兩面改為側身，多一份支撐力，這樣切出的麵包不容易變形。然後再用袋子包好，放在冷凍保存，食用時再依麵包原來貼合的狀態立放，熱烤就有剛出爐的效果。

重要技巧示範

奶油流淚吐司

材料

軟法脆皮麵包1條（做法參見P.161）

奶油2大匙、糖粉4大匙

做法

1

奶油加熱融化，調入糖粉拌勻。

2

麵包立切約0.7～1公分的薄片。在麵包上抹上一層薄糖霜，即可排在烤架上，移入預熱至150℃的烤箱，烘烤10～15分鐘，呈乾脆狀即可。

香蒜薄片

材料

軟法脆皮麵包1條（做法參見P.161）
蒜泥1小匙、鹽1/4小匙、冷開水1小匙
冷壓橄欖油1大匙、玉米粉1小匙

做法

1

蒜泥加鹽攪勻，加入冷開水續攪至水分被蒜泥吸收，再下橄欖油攪至勻合，最後調入玉米粉調勻。

2

麵包立切約0.7～1公分的薄片。以刷子沾上蒜油汁塗在麵包上，排入烤架上以150℃的火力烘烤10～15分鐘，至麵包呈乾脆質感即成。

跟著阿芳玩麵粉的心法筆記

劉爸退休後因為接送阿芳工作，常常會在車上停留比較長的時間，除了他自己會備好3C產品自娛，這一甜一鹹的麵包脆片，就是阿芳替劉爸準備的車上點心，做好之後用密封袋裝起來放在車上很是方便也不髒手，對於因為工作常常誤餐的朋友，也會是很好的零食點心。

白吉饃

材料

中筋基礎發酵麵糰1/2份（做法參見P.16）
鹼粉1/8小匙（弱）、水約1/2杯
中筋粉心粉1又1/2杯

做法

1 水加鹼粉調勻，加入撕成小塊的發酵麵糰略拌，再加入中筋粉心粉先拌勻，再揉成細緻光滑偏乾硬的麵糰。（詳細步驟做法參見P.17）麵糰分切為8等分，略整圓，加蓋放置鬆弛10分鐘。

2

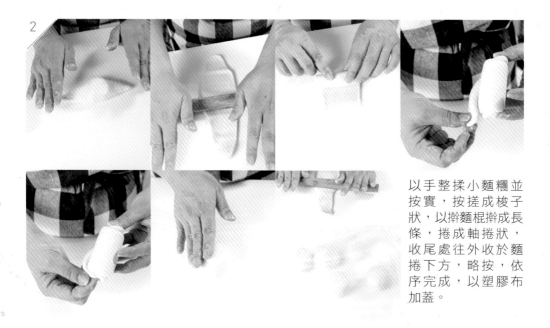

以手整揉小麵糰並按實，按搓成梭子狀，以擀麵棍擀成長條，捲成軸捲狀，收尾處往外收於麵捲下方，略按，依序完成，以塑膠布加蓋。

3 / 平底鍋燒熱改小文火，烤盤放入烤箱中層，以150～160℃預熱。

4

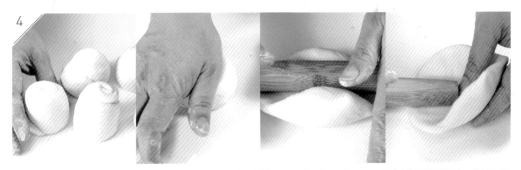

把麵捲反向，以手略壓，再用擀麵棍從中間橫壓，在收尾處那一面以擀棍頭段把麵捲擀成碗口大小的窩型麵片。

5

把麵片凸面向下放入平底鍋以小火烙約1分鐘，反面再烙1分鐘，即可第一面烙出虎背銀邊，翻第二面烙至上色，再用鍋鏟鏟入烤箱烘烤。

6

麵胚依序放入烤箱，續烘烤至中央膨起，即為全熟，可取出，再依序放入新饃烤熟（約10分鐘）。

完整做法影片

陝西漢堡肉夾饃

材料

五香滷肉一鍋
白吉饃適量
花椒孜然粉隨意

做法

1. 白吉饃用刀切，從邊緣切出開口。
2. 放入電鍋以少量水蒸至跳起。
3. 把滷肉剁碎。
4. 取出熱饃，夾上滷肉，視個人喜好，撒上花椒孜然粉即可。

跟著阿芳玩麵粉的心法筆記

　　喜歡美食的阿芳經常跟劉爸利用短短的假期大江南北跑，想要看的就是不同地方的不同飲食風貌。十年前我們到過西安，第一次感受到「饃」的魅力——一個湯碗裡放著一個饃，自己掰成小豆粒樣，店小二再收回廚房加上羊湯煮好上桌。也可以叫上一份肉夾饃，烤熱的白吉饃夾上滷好剁碎的滷肉，再淋上少許肉汁，比起西方的漢堡麵包，外脆內軟的肉夾饃多了麵食的滿足度。

　　多年前的西安行，阿芳就站在市場旁的小舖，花上兩三天的時間重複看著店家熟練又俐落地打饃，然後買上一些饃回家實驗一番，才領悟出白吉饃特有的虎背銀邊菊花心的特徵是如何來的。

胡椒餅

材料

A. 粗丁瘦絞肉10兩、細肥肉末3兩、蒜泥1小匙、醬油4大匙、二砂糖2大匙、蛋1個、黑胡椒粒1小匙

B. 中筋粉心粉3杯、二砂糖2大匙、即溶酵母粉1小匙、水1又1/4杯

C. 晾乾青蔥花3又1/2杯、手粉1/2杯、稀糖水2大匙、生白芝麻4大匙

做法

1

A料全部放入盆中,順同方向攪拌成黏稠狀,移入冰箱冷藏1小時以上備用。

2 　 B料以基礎發酵麵糰手法揉成光滑麵糰，靜置發酵40分鐘。（詳細做法參見P.16）

3

麵糰分為15等分，整圓，稍蓋鬆弛10分鐘。

4

小麵球沾上大量手粉擀成圓片狀，包入3大匙量的肉餡，堆上大把蔥花，包成包子略放在盤上鬆弛10分鐘。

5

烤箱預熱至200℃，另熱一口平底鍋，包子收口沾上少量乾手粉，入平底鍋乾烙至上色，即可拿起在烙面上沾上糖水，再沾上芝麻，芝麻向下排入烤盤中。

6

全部完成排在烤盤中，即可送入烤箱，以200℃烘烤25分鐘即成。

完整做法影片
（直播示範）

跟著阿芳玩麵粉的心法筆記

在台北有不少賣胡椒餅的店家都標榜著來自福州，只不過阿芳曾經在福州居住過一段時間學習閩菜，卻始終無法在當地找到跟台北一樣的胡椒餅。對於這個疑問，二十多年來阿芳始終得不到答案，不過既然它成為一個流傳巷弄的點心，想必味道足夠吸引人，也就不一定要追究身世了。

在家裡製作胡椒餅時，比較難以複製的就是少了那個用泥土做出來的窯烤缸子，從而缺少那種用炭火焗出來的香味。所以阿芳運用麵粉乾烙產生的香氣，先用鍋子烙過，再排入烤盤烘烤，如此一來，即使使用方便的電烤箱，一樣可以創造出類似窯烤的氣味。

長夾燒餅

材料

A. 中筋粉心粉2杯、細砂糖1大匙、即溶酵母粉1小匙、水3/4杯（強）

B. 中筋粉心粉1杯、油1/3杯、香油1小匙、鹽1小匙

C. 生白芝麻3大匙、水少許

做法

1

材料A以筷子攪至水分被吸收，改以手揉成光滑麵糰，加蓋靜置發酵30分鐘。

2

材料B拌成油酥，切成2等分備用。

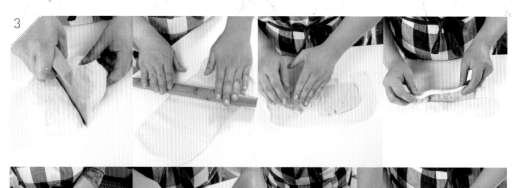

發酵麵糰切為2等分，先取1份擀整成小長片，鋪放一半的油酥，以大包酥擀折手法兩次，擀成長片，順向捲成長捲。（參見P.22詳細擀折法）

加蓋靜置鬆弛10分鐘。

鬆弛完成後，可用刀切或手拆皆可，每份麵糰切出7小段。

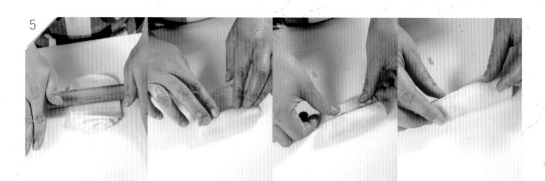

將麵段轉向，擀平一頭捲起，另一端微內折，即可收成光滑圓軸狀，依序完成，加蓋鬆弛5分鐘。

6

輕壓麵捲，第1捲沾上少許水，再沾芝麻，把芝麻向下，擀成皮夾狀，再反向排入烤盤，
全部依序完成。

7

送入預熱至180～200℃的烤箱，
烘烤18分鐘。

跟著阿芳玩麵粉的心法筆記

　　燒餅在北方又稱為火燒。熱燒餅好吃天經地義，但是燒餅涼了之後復烤，還要能夠保持酥中帶軟的口
感，而不是變得又乾又硬，就需要一些技巧。有別於市面上一般用冷水麵製作容易變硬，或用熱水麵製
作容易變軟，阿芳選擇了發麵來製作，做大可以夾油條夾蛋，也可以做成迷你型的燒餅用來搭配烤肉，
精緻又美味。

糖沁燒餅

材料

A. 中筋粉心粉2杯、細砂糖1大匙、即溶酵母粉
   1小匙、水約4/5杯

B. 中筋粉心粉1杯、沙拉油1/3杯、香油1大匙

C. 中筋粉心粉4大匙、二砂糖1杯、沙拉油2大
   匙、香油1大匙、水1小匙

D. 水少許、芝麻適量、蛋1顆

做法

1

材料C的中筋粉心粉入鍋炒至微黃熄火，加入其餘材料C拌勻，即為傳統糖沁餡。

2

材料A揉勻，加蓋發酵30分鐘為發酵麵皮。材料B拌成油酥。

麵皮與油酥各分為2
份。取麵皮包入油
酥，以手按扁，擀
平。兩邊朝內折成
三折，再轉向擀成長
條狀，橫向順捲成
長條捲，用刀切分
為8～9小段。兩份
共可做約16～18小
段。

4

麵捲轉向（切口旋紋向前後），擀開，再捲起。全部做到此，排妥略蓋保濕鬆弛10分鐘。

5

取麵捲擀開成圓片，包入1小匙量的糖沁餡，收口先由有擀紋的兩頭收入，再把光滑的兩
側向內捏合。

6

光滑面沾水，再沾芝麻，芝麻面在下，先擀中央，再擀前端，再擀後端，最後輕擀成牛舌餅狀。

7

翻面排入烤盤，餅面塗上蛋汁，移入預熱至180～200℃的烤箱，烘烤約15分鐘即成。

跟著阿芳玩麵粉的心法筆記

　　製作燒餅較難的地方在於油皮及油酥相混而成的餅皮，在捏口時會有不易沾黏的現象，包製時可由兩頭先向內折入、兩側再蓋合，如此可保持餅皮不易破餡，也比較容易把收口捏合。

重要技巧示範
（直播示範）

蛋黃酥

材料

A. 鹹蛋黃24個、硬沙紅豆餡1.5份（做法參見 P.63）、米酒適量

B. 中筋粉心粉2杯、豬油1/2杯、溫熱水3/4杯 （強）

C. 低筋麵粉1杯、豬油1/3杯

D. 蛋黃1～2個、黑芝麻粒1小匙

做法

1

鹹蛋黃入烤箱以180℃烤7～8分鐘，至表面出油泡，即可取出噴酒提香。

2

紅豆餡分切為24等分，包上一個鹹蛋黃成餡球，即可放入冰箱冷藏降溫定型。

B料麵粉加上豬油搓散，加入溫熱水，以手抓成糰即為油皮，加蓋鬆弛。

C料抓揉成粉糰成油酥。

油酥、油皮各切為24等分，以油皮包上油酥。

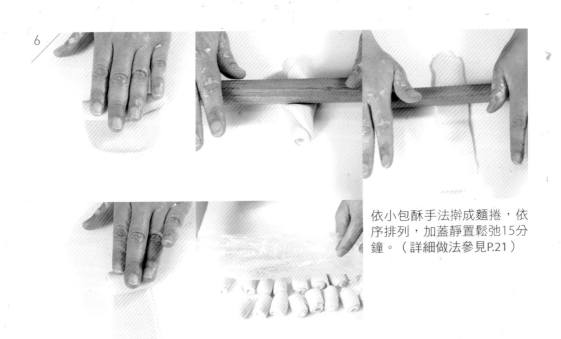

6

依小包酥手法擀成麵捲，依序排列，加蓋靜置鬆弛15分鐘。（詳細做法參見P.21）

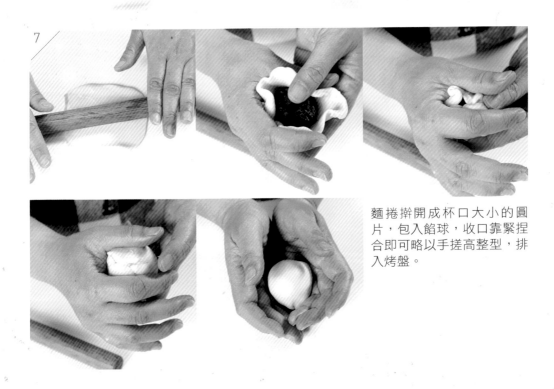

7

麵捲擀開成杯口大小的圓片，包入餡球，收口靠緊捏合即可略以手搓高整型，排入烤盤。

8

烤箱預熱至200℃，烤盤移入烤箱中，先烘烤15分鐘，取出塗上兩次蛋黃液，撒上黑芝麻。（擠出刷子上的蛋液方便黏附芝麻）

9 / 再送入烤箱，改以180℃烘烤10～15分鐘。

跟著阿芳玩麵粉的心法筆記

重要技巧示範

蛋黃酥採用最基本的油酥皮手法，訣竅在於油酥皮的麵皮拿捏、擀皮手法、餅皮擀開的大小，以及最重要的餅口捏合，才不會有餅底的硬皮結構。阿芳習慣用溫熱水來調油皮，烤好後的餅呈軟酥質感，不同於冷水調麵烤好後的硬酥質感，喜歡什麼樣的質感可以選擇變化。倒是這兩年國產紅豆的品質極優，豆大飽滿，改用國產紅豆自製紅豆餡，取代市售的烏豆沙，更有新風味。

另外，若要表面蛋皮呈現不裂紋的金黃光澤，可以把餅胚完成後直接入烤箱烘烤，待餅胚熟化膨脹後，取出刷上蛋黃汁；因為已經是熱燙的餅胚，刷上蛋液後會立即見熟，撒上芝麻可能黏不住，技巧是把全部的餅胚都趁熱刷上蛋液後，形成一層光滑的熟蛋皮，再以毛刷上的蛋液第二次沾在熟蛋皮上，黑芝麻撒上去就可以輕鬆黏上。

白水鹹蛋

材料

A. 鴨蛋24個、白醋1/2杯、冷開水適量

B. 八角2粒、桂皮2片、花椒1小匙、
   水1800cc、粗鹽300g

C. 高度白酒（或高粱酒）1/2杯

做法

1
鴨蛋洗淨，加上冷開水、白醋浸泡半小時，讓蛋殼變薄身，並有殺菌效果。（若使用雞蛋，則不需此道手續，以免蛋殼破裂。）

2 B料煮開靜置放涼。

3
鴨蛋拭乾放入玻璃罐中，倒入全涼鹽水，再加入白酒，加蓋浸泡10～15日，見鴨蛋下沉，即表示入味反油。（可先取一顆生鹹蛋煮熟，回溫後切開檢視回油狀態。）

4 取生鹹蛋，可用蒸或水煮的方式煮滾。（冷水開煮，煮沸後再多煮5分鐘，即可全熟。）

白土鹹蛋

材料

A. 鴨蛋24個、白醋1/2杯、冷開水適量

B. 低筋麵粉3杯、粗鹽1杯（強）、
   冷水1又1/2杯、高粱3～4大匙

做法

1 參考上面步驟1。

2 全部的B料在大盆中拌勻成泥狀。

完整做法影片

蛋放入抹勻麵粉泥，可以用保鮮盒盛裝，亦可使用塑膠袋包好，放置30天。

咖哩餃／元寶酥

材料

A. 細絞肉12兩、洋蔥1個、咖哩粉2大匙、醬油
3大匙、鹽1/4小匙、麵粉2大匙、油2大匙
B. 中筋粉心粉2杯、咖哩粉1又1/2小匙、二砂
糖1大匙、軟化奶油約6大匙、溫熱水3/4杯
C. 低筋麵粉1杯、軟化奶油約5大匙量
D. 蛋黃1個

做法

1

洋蔥切細丁末，以2大匙油爆香，下絞肉炒至七分熟，加入醬油炒出香氣，再下咖哩粉
及少許鹽炒勻至九分熟，最後加入麵粉炒勻，熄火放涼，即為咖哩餡。

2

低筋麵粉加上奶油揉成黏土狀，即為油酥。

B料麵粉、糖、咖哩粉加上奶油搓成散粉狀，沖入溫熱水，以抓握方式把麵粉抓成光滑糰狀，即為油皮，加蓋靜置10分鐘鬆弛。

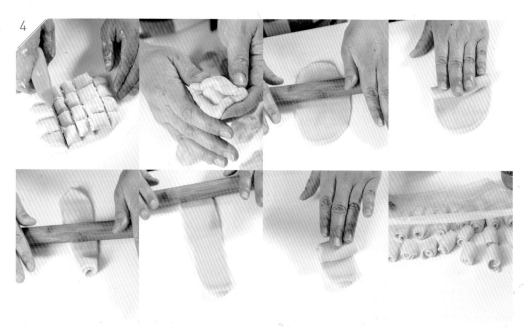

兩種麵糰各分為24等分，油皮包油酥後，依小包酥三折法將麵糰擀成24個麵捲，加蓋鬆弛5分鐘。（詳細做法參見P.21）

把麵捲擀開成圓片，包入1又1/2大匙量的肉餡，以帶有螺旋紋的兩向捏合成胖餃子狀，再捏出花邊，排入烤盤，全部依此法完成。

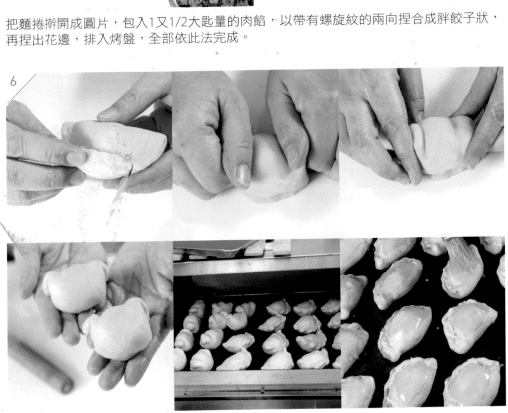

步驟5捏合的胖餃狀餅胚，不捏花邊，收邊反折摺，即可把底部反轉為上，兩側尖端往上反折，兩側略壓即成元寶狀，排入烤盤。

送入預熱至200℃的烤箱中，先烘烤15分鐘，再取出，在中央胖肚的部位塗上兩次蛋黃液，再送入改為170℃爐溫的烤箱烘烤15分鐘即成。

芋頭酥

材料

A. 油皮：中筋粉心粉2杯、豬油1/3杯、溫水約
   3/4杯（強）、黑米一大匙（不用亦可）

B. 油酥：低筋麵粉1杯、 豬油1/3杯（弱）

C. 芋泥餡：芋頭1斤、二砂糖1杯、鹽1/2小
   匙、油2大匙、奶水3/4杯、麵粉5～6大匙

做法

1

材料C的芋頭切大塊蒸熟，趁熱壓成泥，拌入材料C其餘部分。

2

將芋泥盛在深盤中，移入蒸鍋蒸20分鐘，取出放涼即為芋泥餡，將餡料搓成24顆小球。

3

紫米泡水，用調理機打汁，過濾出紫色米漿（加入油皮材料中添色）。

4

將材料Ａ、Ｂ分別揉成油皮及油酥，各分為12等分，油皮按扁，包入油酥，擀成牛舌餅狀，往前捲起。再將麵皮轉向，擀成長條狀，再捲起成餅捲，並以塑膠袋覆蓋，全部做好後，加蓋鬆弛5分鐘。

5

取出餅捲，以剪刀從中間剪成兩半，麵捲剪口面朝下，以手稍按壓，擀成餃子皮大小的圓片。

6

剪口面麵皮向下，餡球放在裡面，收口反向捏合壓於下，以雙手掌搓高麵胚，排於烤盤中，移入預熱至170～180℃的烤箱中，烘烤25分鐘即成。

跟著阿芳玩麵粉的心法筆記

這個芋頭酥是在家庭裡可以從內餡到餅皮，全程自製的點心，而且因成品外形漂亮有變化，是一種很有成就感的手作點心。如果揉製餅皮用的油脂是豬油，做出來的芋頭酥就會偏向中式點心的風味；如果把油脂換成了奶油，製作出來的芋頭酥就會成了洋風奶味。阿芳運用了現在容易取得的台灣黑米，將黑米泡軟磨出一些米漿，揉進油皮中做好的芋頭酥就有了接近天然芋頭的色澤。

蘿蔔絲餅

材料

A. 中筋粉心粉2杯、豬油1/2杯、溫水（約
　 50℃）約3/4杯

B. 低筋麵粉1杯、豬油1/3杯（弱）

C. 白蘿蔔1條（約3斤）、鹽1小匙、糖1大匙、
　 香油1小匙、白胡椒粉1/2小匙

D. 蝦皮3大匙、鹽少許、油2大匙

做法

1

白蘿蔔去皮刨粗絲，加上C調味料一起拌勻放置15分鐘出水。

2

蝦皮快速沖水瀝乾，以2大匙油爆香至金黃。

將出水的蘿蔔絲擰乾，拌入爆香的蝦皮，試味再以鹽調整鹹度，捏成24等分的餡球。

4 ╱ A料中筋粉心粉加豬油搓成粉粒狀，加入溫水以抓揉方式抓成光滑糰狀，加蓋靜置
10分鐘，即為油皮。B料拌勻抓揉成糰塊狀的油酥。

先分切油酥為12等分，再切油皮成12等分。以油皮包入油酥，收口向上，依包好順序排
放。

取麵球略壓，擀成牛舌餅片狀，捲起，轉向再擀成長條狀，即可捲成麵捲，依完成順序
排列。

取一完成的麵捲，縱向切為兩半，切口向下，略按，擀成7公分左右圓片狀。

包入一撮蘿蔔絲餡，兩端螺旋口對貼包合，再整成蘿蔔狀，排列於烤盤，全部完成。移入預熱至180℃烤箱，烘烤25～30分鐘即可。

跟著阿芳玩麵粉的心法筆記

這是用蘿蔔絲餡搭配油酥麵皮烤出的蘿蔔酥餅，在小包酥最後一次擀皮前，把麵捲縱向對切，就可以擀出直式的紋路。如果依照蘿蔔外表的紋路，要把餡料包在沒有紋路的那一面，並在包入餡料捏合的時候，記得稍微注意方向，讓餅皮紋路保持橫向的條紋，捏合後一頭胖，一頭用手稍微捏尖，就可以捏出又白又胖的白蘿蔔狀。烘烤後再巧妙運用不同的蔬菜小葉點綴，就是可以宴客的象形小點。

完整做法影片

順德杏仁桃酥

材料

A. 固態豬油3/4杯（170g）、糖粉1杯、蛋白2 個

B. 南杏仁1又1/4杯

C. 低筋麵粉3杯、泡打粉1/2小匙、小蘇打粉 1/2小匙、鹽1/4小匙

做法

1 杏仁粉先以調理機攪打成粉末狀。

2 豬油加上糖粉攪勻，蛋白分3次續打至稠細狀態。

C料過篩加入糖油中，以切拌方式把粉料混合，並把杏仁粉一起加入略拌，即可以拌切翻壓、避免搓揉的方式讓麵糰均勻。

麵糰分2份，先取1份整成長柱狀，分切成18～20小份。

5

將麵糰輕手搓圓壓扁,從中間按出一凹洞,排放在烤盤上。

6

移入預熱至180℃的烤箱烘烤約15～18分鐘,至表面呈微黃色,即可取出,放涼回硬後,即成脆酥口感。

跟著阿芳玩麵粉的心法筆記

曾經旅遊澳門的朋友,應該都看過杏仁餅的蹤跡,從觀光景點大三巴往下走,一家又一家專賣杏仁餅的伴手禮店,很多都標榜鳳城杏仁餅,而鳳城指的是位於廣東的順德,也是阿芳很喜歡尋找美食的寶地。有句話說:「食在廣東,廚出鳳城。」順德到目前為止還保有許多傳統美食,杏仁餅就是其一,阿芳每到廣州或順德,一定會買個兩斤帶回台灣慢慢享用。吃完沒貨了,就會想念不已,後來阿芳就學習製作桃酥,捨棄氨粉之類的膨大劑,利用按壓拌和的手法減少搓揉,再藉由整型、切塊、指壓產生蓬鬆裂口,看似樸實的樣貌,入口後有非常清香的杏仁味,配上一杯紅茶或普洱茶,是阿芳的心頭好。

司康

材料

A. 冰涼偏硬無鹽奶油1小條（110g）、低筋麵粉2杯、高筋麵粉1杯、二砂糖3大匙、鹽1小匙

B. 即溶酵母粉1小匙、溫水1/4杯

C. 冰牛奶3/4杯（弱）

D. 酒漬葡萄乾1/2杯（做法參見P.119）、高筋麵粉2大匙、牛奶2大匙

做法

1

B料即溶酵母粉先加溫水調化。冰硬的奶油切小丁塊。

2

A料放在盆中，以筷子翻攪均勻，調入酵母水拌勻，再倒入冰牛奶拌勻。

3

以手指按壓（避免揉麵），
收整成不見乾粉的麵糰。

4

將麵糰分切為2份。一份沾上高筋麵粉放入乾淨袋中；另一份剝成小塊，加入酒漬葡萄
乾，再按成糰塊，亦可在外層拍上高筋麵粉，收入袋中，按成約2.5公分厚的平片。2份
麵糰放入冰箱冷藏2小時。

5

取出麵糰先放在室溫30分鐘回溫發酵，打開麵糰，不需再揉，可以用刀切或以小杯沾上
乾麵粉壓出小圈塊，排於烤盤上，後發酵10分鐘。

6

以手指頭沾牛奶塗抹餅面，
即可移入預熱至200℃的烤
箱烘烤15～20分鐘。

跟著阿芳玩麵粉的心法筆記

完整做法影片

　　司康是阿芳學會做的第一個西式點心，只不過當時的配方和市面上用泡打粉及小蘇打粉製作的一樣，雖然做起來有成就感，但說實在的美味程度不至於吸引自己反覆製作。隨著對於點心的熟悉度越來越高，阿芳始終在想，司康是非常傳統的英式下午茶點心，不可能是使用泡打粉和小蘇打這類膨大劑做出來的。於是我慢慢拿捏，讓它回到比較慢速的發酵方式，也許速度沒有使用膨大劑來得快，但是完成後的司康除了有最棒的香氣，最重要的是綿軟好吃的口感。

　　這個司康配方完成後的濕潤度，是阿芳覺得最棒的地方。如果司康在你的腦海中是那種容易噎口的小餅，沒有留下好印象，請用阿芳的這個配方做做看，除了製作時屋內飄香，阿芳的司康還經得起回烤，依然保有外酥內軟且不乾口的美味。

香蕉核桃馬芬

材料

A. 無鹽奶油1杯（約220克，市售1磅奶油1/2條）、細砂糖3/4杯、蛋3顆、低筋麵粉4大匙

B. 低筋麵粉3杯、泡打粉2小匙、小蘇打粉1/4小匙、鹽1/2小匙

C. 熟透香蕉（大）3根、核桃仁1/2杯、手粉適量

做法

核桃入烤箱烤出香氣，取出略切；模型刷上奶油並均勻撒入A粉料。

材料A的奶油置於室溫軟化，打至綿軟，細砂糖分3次加入，打至奶油呈絨毛狀。

蛋先打散成蛋液，分次加入攪拌，蛋液被奶油完全吸入後才可再加蛋液，並交錯加入少量麵粉，至蛋液完全融入奶油糊中。

香蕉去皮，以叉子壓成泥，撥入奶油糊中。

材料B一起過篩加入，以翻拌手法攪拌均勻，再拌入核桃仁。

6

將蛋糕糊填入磅蛋糕模至七分滿，或填入蛋糕杯模中放平，移入預熱至160～180℃的烤箱，烘烤40分鐘，以竹籤刺探不沾生料，表示熟透，即可取出。

跟著阿芳玩麵粉的心法筆記

奶油加糖打勻後，打入的蛋液若量多且快，有時會出現油水分離的現象，做好的蛋糕就容易變成發粿的質感，在打糖油蛋液時，添加少量麵粉可以增加奶油糊的支撐力，打好的蛋糕糊才會鬆軟勻細，麵粉只要從B料中拿取即可。

對不是專業製作西點的人來說，以公克精準化計量略嫌麻煩。阿芳利用市售包裝奶油，小條兩條剛好220克，大條1磅（454克）就用半條，1根香蕉配1杯麵粉、1顆蛋，不用再記瑣碎的食譜配方了。

肉桂葡萄捲

材料

A. 高筋麵粉3杯、蛋1顆、細砂糖3大匙、
   即溶酵母粉1小匙、鹽1小匙、水約1/2杯
   （強）、奶水1/2杯、橄欖油或奶油1大匙

B. 酒漬葡萄乾1杯（做法參見P.119）

C. 細砂糖4大匙、肉桂粉1大匙、油1大匙

做法

1

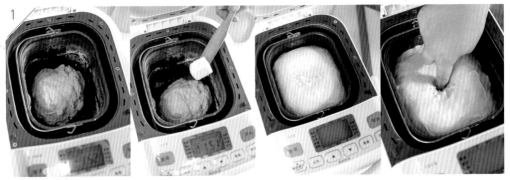

材料A除奶油外，放入麵包機攪成粗糰，再加入奶油續揉成光滑發酵麵糰，全程約1小
時完成。（亦可放入抹油塑膠袋紮緊，入冰箱冷藏發酵4小時。）

2

材料C拌勻成肉桂糖。

麵糰擀成大圓片，再收折成
長方狀，再擀成大長片狀，
撒上肉桂糖、葡萄乾，捲成
長筒狀。

將長筒狀麵糰先分成4等分，每等分再切為3段，共成12段。

5

防沾紙四角折邊，將麵捲轉向鋪排上去，以筷子戳勻糖餡，略噴水。

6

以塑膠袋覆蓋麵捲，靜置溫暖處二次發酵40～60分鐘（夏短冬長）。待肉桂捲發酵完成鬆發，移入預熱至160～170℃的烤箱，烘烤18分鐘，取出敲震。

跟著阿芳玩麵粉的心法筆記

　　麵包的柔軟程度除了受原始配方的配比影響，二發的程度亦是重關鍵。發酵不足，麵包體比較小、比較結實，放涼後容易偏硬。所以可以藉由家裡的烤箱，讓機體增溫至40～50℃，放入麵包體做全程的二次發酵，只是尚未烘烤的麵包體一定要噴足水分再進爐，以免被烘乾。

紅茶貝果

材料

A. 高筋麵粉3杯、二砂糖1大匙、鹽1小匙、即溶酵母粉1小匙、水1杯（強）、橄欖油1大匙

B. 早餐紅茶1大匙（細末狀茶葉）、熱開水1/2杯

C. 手粉少許、二砂糖2大匙、水3杯

做法

1

材料B的紅茶葉放在細網中，下方放一個容器，以熱開水沖下，即可把茶葉淋濕，第一次的水1/4不留，第二次再沖入1/4的水備用。

2

A料放入麵包機中，酵母和糖鹽分放兩邊，水由酵母處沖下，設定「攪打加發酵」功能，即可開始攪動，再加入沖開的茶葉末及留下的茶湯、橄欖油一起攪打，至發酵完成，全程約1.5小時。（亦可使用手揉方式揉成光滑麵糰，靜置10分鐘，再揉3分鐘，如此反覆三次，即可揉成帶有筋膜的麵糰，加蓋放置溫暖處發酵1小時。）

3

取出麵糰，分割成10等分，整圓，以抹油塑膠布加蓋鬆弛15分鐘。

4

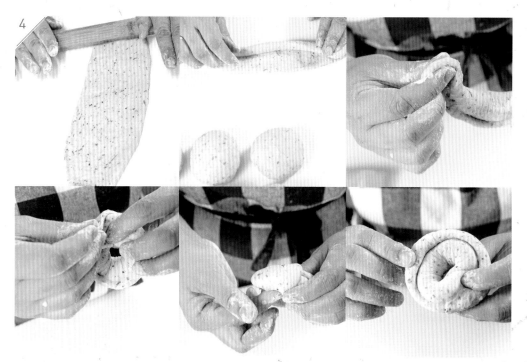

取麵糰擀成橫向長條狀，推捲成腸子狀，將一端麵皮按扁，包住另一端，即可成泳圈狀，排在烤盤上。

5

全部完成後略噴水，放入溫暖烤箱中，後發酵40分鐘。

6 取出麵包盤，烤箱開始預熱至180℃。

7

另煮開3杯水，加入二砂糖煮化，改中火，即可把第一盤貝果麵包胚，依序放入糖水中，兩面略燙至開始鼓脹，即可撈出排於烤盤（另一盤待欲放入烤箱前再做汆燙）。

8

汆燙好後立即送入烤箱，以180℃烘烤16分鐘即成。

跟著阿芳玩麵粉的心法筆記

　　貝果是一種猶太麵包圈，好吃的地方在於外表有一層微甜的糖皮，還有內裡在整型時所產生的麵包結構組織。因為在製作的過程中有熱水燙皮、再熱烤到熟兩個步驟，因此阿芳建議大家在復熱食用時，也可以先改用電鍋放兩湯匙水，以短短的水氣把貝果蒸熱，再稍微乾烘一下，就可以回到剛出爐的美味狀態。

椪餅

材料

A. 黑糖2大匙、高筋麵粉2杯、低筋麵粉1杯、油3大匙、滾水1/4杯、冷水1杯

B. 黑糖2～3大匙、二砂糖1/2杯、糕仔粉2大匙、白芝麻油1大匙、油1大匙、水1小匙

C. 麵粉1/4小匙、紅麴粉1/4小匙、水少許

做法

1

A、B兩項黑糖合在一起過篩，留出2大匙細黑糖和B料拌勻成糖餡。

2

篩出粗粒黑糖加滾水調化，再加入冷水兌涼，即成黑糖水。

3

A料兩種麵粉混合，加上油、黑糖水，揉成光滑糰狀，以抹油袋子包好，靜置鬆弛30分鐘以上。

4

取出麵球輕拍手粉不再搓揉，直接分切2份，取1份由中心搓洞抓成圓環狀，切一斷口，即可輕搓成長條，分切7等分。

5

取1小份麵糰，擀成杯口大小圓片，包入1小匙糖料，收口捏合，全部7個依序完成。

7 /

包糖麵球收口向上，輕擀成約12公分左右的薄圓片。

8

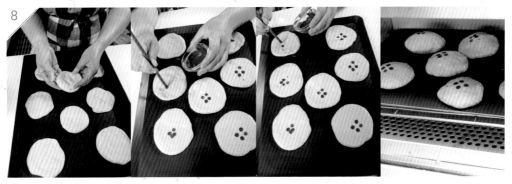

取起餅胚反面排入烤盤，蓋上紅印。移入烤箱烤約15分鐘。

跟著阿芳玩麵粉的心法筆記

阿芳記得在孩提時期，赤崁樓對面的老餅舖內，玻璃罐中放著一顆顆的椪餅，當時一顆椪餅只要5元，有時候媽媽給了零用錢，阿芳就會去買上一顆。椪餅有白糖和黑糖口味可挑，我最喜歡的就是掛在餅底那一層黏稠糖膏，對於嗜甜的孩子真的太有吸引力了。阿芳特別喜歡以椪餅及米香這兩種甜食搭配熱的白開水，覺得怎麼吃怎麼好吃。

完整做法影片
（直播示範）

隨著時代的變遷，老餅舖後來收攤了，阿芳就再也沒見到這特別的食物，直到多年後開始興起城市文化包裝，椪餅又重新回到日常生活間，還多了一個很有趣的身分叫做「月子餅」：在椪餅中打入一顆蛋，加上桂圓肉，再用麻油煎一煎，就是產婦最好的月子點心。只不過阿芳是由台南嫁到台北，沒有機會吃到月子餅，倒是喜歡配著杏仁茶吃椪餅，口味香又甜，是很棒的早餐和消夜選擇。

信手拈來幸福來

麵粉要軟就和水，要酥添油，要甜加糖，要鹹搭鹽，要煮下水，要香用煎——簡單的邏輯，掌握竅門，熟能生巧，信手拈來，樂趣美味自然來。

手工自然麵
揪片／貓耳朵／拉麵條

材料

A. 中筋粉心粉3杯、鹽1小匙、冷水1又1/4杯
B. 手粉適量、太白粉適量

做法

1

麵粉放在盆中，鹽加水調勻沖入，以筷子攪拌至不見水分的麵穗子。

2

手沾上手粉，續揉成光滑狀，即可收入抹油的袋子，鬆弛30分鐘以上。

3

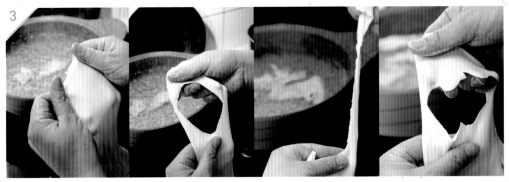

可以手拉撐成薄片狀，直接撕下入鍋，即為山西揪片，可煮成揪片湯。

4

麵糰切小塊，拍上手粉，擀成1公分厚的麵片，切成小片狀，撒上手粉，放在壽司竹簾上推成紋路狀的貓耳朵，水煮滾後可乾炒，亦可煮湯。

5

揉好鬆弛的麵糰，可再重複揉按一次，讓麵糰回緊，拍上大量手粉，即可慢慢擀成薄片，最後拍上太白粉替代手粉，即可折成3層麵皮，以刀切出喜好的寬度。

手抓一撮麵條，略拉撐變長，再沾上手粉，即可分量成一份一碗的拉麵，可下鍋烹煮，亦可包好入冷凍庫保存，取出不需解凍即可下鍋烹煮。

跟著阿芳玩麵粉的心法筆記

　　阿芳工作忙碌，但是因為家中的麵粉從不缺貨，信手拈來三杯麵粉，加些冷水攪一攪、揉一揉，就有一塊麵糰。隨著放置鬆弛的時間，麵糰筋膜會變得細緻光滑有彈性，冰在冰箱中隨時拿出來，用不同的方式做出樣型，配合不同的澆頭湯汁，就能夠變化出風貌多樣且經典耐吃的麵食，也許是一碗熱氣騰騰的媽媽胖子麵，也許是帶著山西風味的貓耳朵，或是搭配各種不同清冰箱食材組成的什錦揪片湯，都是阿芳家傳的美味自然麵。

西紅柿貓耳朵

材料
貓耳朵麵片1份、煮熟黃豆1杯、紅番茄2～3顆、水2杯、太白粉水少許、紅辣渣和香菜末適量

調味料
鹽、白胡椒粉、香油各適量

做法

1. 番茄切小丁、蛋打散，蛋汁先炒成蛋碎盛起，再下番茄略炒，加入帶湯的煮熟黃豆及水一起煮滾，以鹽和少許胡椒做調味，再以太白粉水勾薄芡，最後把蛋碎加入拌勻，熄火前加入少許香油，即為西紅柿麵滷。

2. 把貓耳朵用開水煮熟撈出後，澆上西紅柿麵滷，再視個人喜好淋上少許辣渣辣油和香菜一起拌食。

胖媽揪片湯

材料
自然麵一糰、家常肉燥1碗

調味料
鹽、白胡椒粉適量

做法

1. 煮開一鍋水，將少許滾水放在麵碗中，加入少許鹽、胡椒、葱花成為底湯。

2. 把自然麵糰用手拉開撐出膜狀，再撕下成片狀投入中煮至浮起，連同青菜一燙熟，撈入麵碗中。

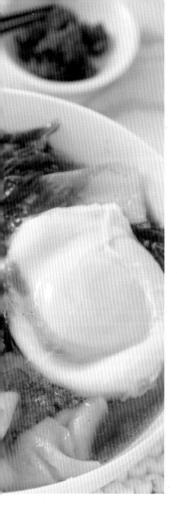

蛋、青菜、葱花各適量

在煮麵水中用湯勺畫出一個
漩渦，把打在碗中的蛋投
入，煮成完整的水波蛋，
撈出放在麵碗中，淋上肉燥
加上葱花。

清燉牛肉拉麵

材料

A. 牛腩條1.5斤、白蘿蔔1根、薑片5～6片、八角3粒、月桂葉
   3～4葉、水8杯、壺底油精3大匙
B. 手工拉麵條、青菜、香菜末、葱花各適量

調味料

鹽適量

做法

1. 牛腩條切塊汆燙洗淨，加上切塊白蘿蔔及全部材料一起入快鍋煮
   至沸騰，滿壓改小火再煮5分鐘即可熄火，浸泡至洩壓開鍋，即為
   清燉牛肉湯。（亦可使用電鍋和燉鍋蒸1個小時以上，至喜歡的肉
   質口感。）

2. 麵條及青菜以滾水煮熟撈出，加上熱騰的牛肉湯，撒上葱花香
   菜。

菠菜拉麵

材料

A. 菠菜3株（約3兩重）、油1小匙、水一小鍋
B. 中筋粉心麵粉3杯、鹽 1小匙、冷水適量、油1小匙
C. 手粉適量、太白粉適量

做法

1 / 水燒開加入1小匙油，菠菜放入汆燙後取出冰鎮漂涼，以調理機加半杯水攪打成菠菜汁。

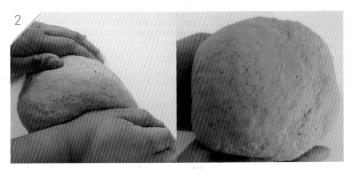

2 / 中筋粉心粉加入菠菜汁，再添適量的冷水，攪拌成粗穗狀，手沾上手粉揉成光滑麵糰，收在抹油的袋子裡至少鬆弛30分鐘。

3 / 取出麵糰稍加揉麵，桌面撒上麵粉，將麵糰反覆擀開成大麵片狀，最後在麵片上下灑上太白粉，取代麵粉成為手粉，再把麵皮上下折入，成為3～4層的長麵片。

4 / 用刀子將麵片切出喜歡的寬條狀，撒上少許太白粉把所有麵條撥散，完成的菠菜麵條可立刻下鍋烹煮，或是按照每一碗麵的分量將麵條分別包裝放進冷凍保存，食用時不需解凍就可以直接下鍋。

烙單餅／蛋餅

材料

A. 中筋粉心粉2杯、全麥麵粉1杯、滾水1杯、
　鹽1/2小匙、冷水1/2杯（弱）、油1/4小匙

B. 油1大匙、手粉少許

做法

1

麵粉放在盆中，鹽加滾水一起沖入，以筷子攪拌至大熱氣散去的麵穗子，再添冷水揉成
三光麵糰。（詳細做法參見P.15）

2 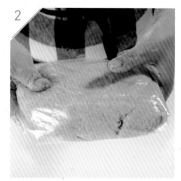 袋子放入1/4小匙油搓過，麵糰包入，放置鬆弛1小時。

3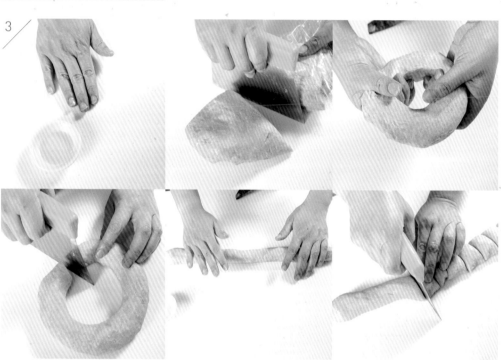

桌板抹油，取出麵糰（不再揉麵），先分2份，從中央搓洞，抓成輪狀麵糰，切斷口，整成均勻的細長條狀，各切為15小段，共約30小段，稍加整圓，依序排列，再撒少許手粉在桌板上，可加蓋再放5分鐘。

4

取小麵球，手略按扁，在一個麵球上抹上一層油，貼上另一個麵球，再按平一下，即可擀成圓薄片狀。

5

以擀麵棍拉起放入小火加熱的平底鍋，兩面略至起小花紋，麵皮鼓起即熟，取出略微搧涼，即可拆成2張薄餅，其餘依序完成。

蛋餅

材料

單餅、雞蛋、蔥花各適量

做法

1. 蔥花加少許鹽拌勻，再加入蛋打散。
2. 鍋中下少許油，倒入蔥花蛋液，推平即可蓋貼上單餅。先把蛋面煎香，再翻面煎餅，即可捲起略按，切塊搭配辣椒醬食用。

🏷 跟著阿芳玩麵粉的心法筆記

　　單餅又稱為荷葉餅，是北方常見的主食，在台灣大家最熟悉的就是拿來包烤鴨的那張小餅。單餅是讓麵粉因加入熱水產生糊化現象，比冷水麵的水分更充足，再經過鬆弛變得柔軟，烙好的餅皮不容易變乾變硬，包上各種食材才容易入口。但也因柔軟而很難擀薄，所以會用兩個麵劑子抹油貼在一起，這樣擀開的力道容易均勻，食用時再撕餅特別有意思。在北京有專門的春餅館提供這樣的餅，可以叫上不同的炒菜，配上一點蔥絲包起來吃。在家裡做好這樣的單餅，可以撕開包好放在冰箱保存，作為蛋餅皮使用。

烙蔥餅

材料

A. 中筋粉心粉2又1/2杯、滾水3/4杯、冷水1/2杯

B. 中筋粉心粉1/2杯、豬油2大匙、沙拉油2大匙、鹽1小匙

C. 青蔥尾1把

做法

1

A料滾水加入冷水調成溫熱水，沖入A料麵粉中，以筷子攪拌至不見水分，再改以手揉成光滑麵糰，收入搓油的袋中包好，靜置鬆弛30分鐘。

2

B料調勻成油酥。

3 / 青蔥洗淨晾乾，切成蔥花。

4 / 取A料麵糰，以不揉麵手法分切為3等分。

桌板上抹層薄油，取1份麵皮擀成大長方薄片，抹上1/3量的油酥，撒上蔥花，捲成長捲狀，由右捲入成大麵捲，左端捲入成小麵捲，轉向壓於下方，整成螺旋麵捲。

6 /

完成麵捲，放入剪開的袋子，依序放好，再鬆弛5分鐘。

7 /

依序擀開成20～22公分的餅狀。

8

平底鍋抹一層薄油，放入蔥油餅，加蓋以小文火烙煎至餅皮上色，翻面再烙至餅呈現膨鬆香酥狀，即可兩面各再煎一下。

9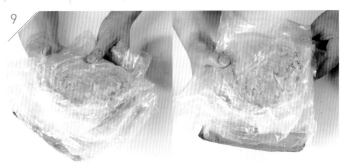

不立即食用的蔥油餅胚，可完成至步驟5的螺旋麵捲，以袋子包好，放在冷藏保存2天，亦可擀開平鋪疊放好，包妥放入冷凍庫，成為冷凍蔥餅，食用時不需解凍即可下鍋煎。

🔖 跟著阿芳玩麵粉的心法筆記

　　蔥油餅是用溫水燙麵，做出既有口感又不失柔軟的麵皮，再加上油酥所創造出來的層次，是容易製作又討喜的家庭點心，可以做大也可以做小，在青蔥便宜的時節，把大量的青蔥捲在餅皮中，1份材料可以做6張小號的蔥餅，還可以疊放包好放在冷凍庫，肚子餓的時候不需解凍煎上一片，食在方便。

重要技巧示範

葱抓餅

材料

A. 中筋粉心粉2又1/2杯、滾水3/4杯、冷水1/2杯

B. 青葱尾3根、豬油3大匙、沙拉油3大匙、鹽1小匙、中筋粉心粉1/2杯

做法

1

A料滾水加入冷水調成溫熱水，沖入A料麵粉中，以筷子攪拌至不見水分，再改以手揉成光滑麵糰，收入搓油的袋中包好，靜置鬆弛30分鐘。

2

B料青葱段以豬油爆至微焦，熄火加入沙拉油放涼，夾出葱段再加入半杯中筋粉及鹽成葱油酥。

取出A料麵糰，以不揉麵手法分切為6等分。

4

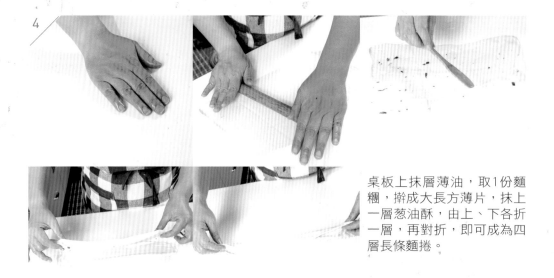

桌板上抹層薄油，取1份麵糰，擀成大長方薄片，抹上一層蔥油酥，由上、下各折一層，再對折，即可成為四層長條麵捲。

5

以切麵刀在麵片上橫向切出許多缺口，略放3～4分鐘，利用時間再完成其餘麵皮。

6

回到第一條麵皮，雙手拉住兩頭，略拉撐變長，即可旋扭成繩狀，右端捲入成大捲，左端捲入成小捲，轉向壓於下方，大捲壓小捲，收成螺旋麵捲，即可收於剪開的袋中，略放10分鐘。依序完成其餘餅皮。

7

將鬆弛後的餅糰擀開成圓餅狀。

8

平底鍋熱鍋加1大匙油，放入餅胚，小火煎至兩面金黃，即可以鍋鏟推餅，將餅推鬆，出鍋放在吸油紙上，以紙推餅，即可呈現絲餅狀。

🏷️ 跟著阿芳玩麵粉的心法筆記

　　運用製作蔥餅層次的手法，再加上一點切割旋扭的小技巧，就能夠做出更酥脆帶有麵皮條絲的抓餅。但要把抓餅煎得好，除了擀整技巧，還需留意擀整過程的鬆弛，再運用鍋子的熱度，讓餅在鍋中不斷移動。東北人煎餅的口訣叫做三翻九轉，最後再用鍋鏟推撥煎餅，就能夠把餅煎出空氣感，也格外香酥可口。

軍屯鍋盔

材料

A. 中筋粉心粉1又1/2杯、二砂糖1大匙、即溶
   酵母粉1/2小匙、水3/4杯（弱）

B. 中筋粉心粉1又1/2杯、滾水1/2杯、冷水約
   1/4杯

C. 細絞肉末4兩、醬油1大匙、鹽1/4小匙、香
   油2大匙、花椒粉1/2小匙、薑泥1大匙

D. 低筋麵粉2大匙、鹽1/4小匙、香油1大匙、
   油1大匙、花椒粉1/2小匙

做法

1　A料揉勻放置30分鐘成發酵麵糰。B料麵粉沖入滾水，拌成細粒狀，加入冷水揉成
　　光滑糰狀，略放30分鐘鬆弛。

全部C料拌勻成肉泥餡。全部D料拌勻成油酥。

兩種麵糰先拆小塊，混合揉成光滑狀，即可分為8等分，整圓加蓋鬆弛10分鐘。

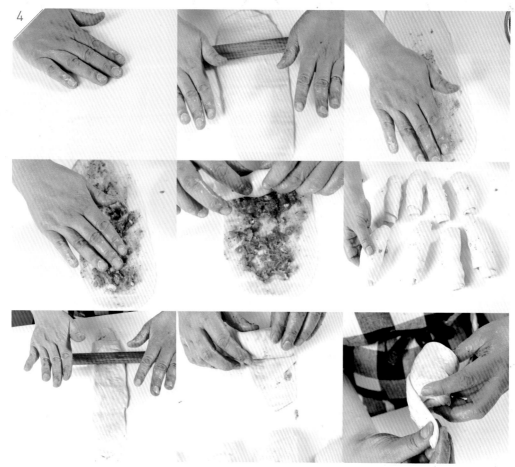

桌板抹油，鬆弛後的麵糰擀成長牛舌餅狀，抹上少許油酥，再抹上一層肉泥，捲起鬆弛，待全部8個麵捲完成後，再擀成長條狀，捲起，稍微輕拉一下收於麵捲下方。

5 ／ 烤箱開始預熱至200℃。

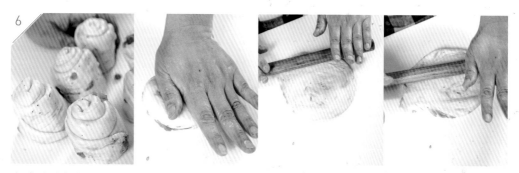

完成後的麵捲底部朝上微壓後，再把麵捲擀開成15公分左右的圓餅狀。

平底鍋熱3大匙油，餅片放入兩面煎出色澤，用紙巾吸去多餘油脂，即可排入烤盤。

8 煎完一盤餅，即送入烤箱以200℃的強火力，烤約10分鐘至餅變膨發、色澤金黃即可。

跟著阿芳玩麵粉的心法筆記

　　台灣民眾對鍋盔的熟悉度不高，但是在中國大陸，只要是以麵食為主食的地方，都可以看到賣鍋盔的小攤，就如同在台灣巷弄間很容易見到的蔥油餅。而以鍋盔聞名的是四川的軍屯小鎮，最大特色在於做餅的師傅利用膨軟的發麵兌上適量的燙麵，混合後再配合稀油酥的層次，並加入帶有花椒鹹香的鮮肉末，不只做餅的過程充滿視覺吸引力，更

完整做法影片

重要的是餅先煎再烤，有很棒的脫油效果，就像現在的氣炸鍋原理，藉由熱烤可以把食物做到脫油效果，這也是阿芳很喜歡麵食點心千變萬化巧妙之處。

韭菜盒子

材料

A. 中筋粉心粉3杯、滾水1杯、冷水適量、沙拉
油1大匙
B. 韭菜1把（約1/2斤）、蛋2顆、蝦皮2大匙、
冬粉1紮
C. 手粉適量

調味料

醬油2大匙、白胡椒粉1/4小匙、鹽及香油各少許

做法

1 / 將A料麵粉置於大盆中，沖入滾水，以筷子攪勻，並略散熱。添入冷水，續以手
揉至不見水分，並適量添水揉成糰。加入沙拉油，揉成光滑麵糰，裝袋靜置鬆弛
20分鐘。

2

韭菜切小段，蛋打散，冬粉
以冷水泡軟瀝乾切小段。蛋
加少許鹽打散，炒成蛋花
碎，盛起；以少量油爆香蝦
皮，加入冬粉及醬油快速炒
勻，即可熄火放涼。將蛋
花、蝦皮、生韭菜與冬粉拌
勻，即為韭菜餡。

3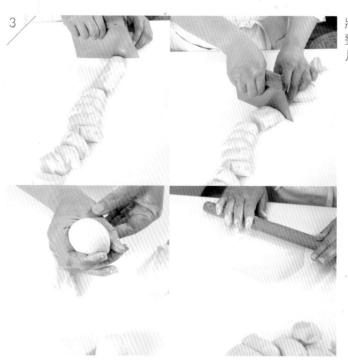

將麵糰分成15~16等分，先整圓，拍上手粉，擀成薄圓片。

4

填上內餡，麵皮從一端拉起蓋合，以小圓盤滾成荷包狀，或捏出波浪摺邊。

平底鍋熱鍋，加入少量油，以紙巾擦拭吸掉多餘油分，拍掉韭菜盒胚上多餘手粉，排入鍋，見上層麵皮鼓起即可翻面，蓋鍋以小文火烙2分鐘，烙至金黃即成。

跟著阿芳玩麵粉的心法筆記

　　韭菜盒子適合現包現烙，多擺一會兒就會鬆弛容易癱軟，因為韭菜從生至熟，保留脆度才是美味關鍵，而拌上爆香料後，放久會出水，所以冬粉爆炒時不再加水，這樣才能吸起韭菜加熱釋出的水分。

櫻花蝦高麗菜水煎包

材料

A. 中筋基礎發酵麵糰1份、櫻花蝦3大匙、高麗菜1斤
B. 水1又1/2杯、麵粉1大匙
C. 香油1大匙、手粉適量

調味料

糖1小匙、鹽1/2小匙、白胡椒粉1/4小匙、香油1大匙

做法

1

高麗菜切丁,加上調味料抓揉,略放5分鐘,擰乾水分。

2

櫻花蝦略沖水洗淨瀝乾,以乾鍋炒香盛起放涼,即可加上高麗菜丁拌勻。

3 ／ 發酵麵糰整揉成長條狀，抓分成13～14等分。

麵段沾上手粉，擀成圓片，包入高麗菜料，收口捏合成包子狀，排在撒上手粉的盤上，再靜置5～10分鐘。

5 ／

爐架架高，平底鍋加熱，下少許油，包子沾油推開，一一排入鍋中，略煎至底部見熟，即可把B料調勻加入。

6

蓋鍋以中火煎約7分鐘，在鍋中幾處滴入香油，改中小火再加蓋煎至水分收乾，開蓋略搖鍋，使油質均勻，再多煎一下使底皮呈香酥狀，並可視個人喜好，選擇是否翻面略煎上頂出色，即可完成。

跟著阿芳玩麵粉的心法筆記

　　水煎包是很多學子在下午放學後肚子餓時，用來墊肚子的誘人美食，尤其是開始學會吃辣的年輕人，總喜歡在水煎包上抹上紅紅的辣椒醬，吃起來特別過癮。阿芳喜歡發麵式的水煎包，這樣一鍋煎好，就算沒有當餐吃掉，放在冰箱冷藏後復熱來吃，還是保有美味。當然，水煎包的內餡有不同的變化，櫻花蝦是含鈣量最豐富的食材，用來搭配高麗菜特別好吃；韭菜當令的時候，也可改用韭菜末搭配，炒一點蛋碎，加上柔軟的冬粉，同樣好吃。

　　水煎包要包得漂亮，就要像包肉包子一樣，填餡壓低、捏包子拉得高，還有麵皮不要發酵過頭，排入鍋中的空間稍微掌握一下，煎出來的水煎包才會高聳不塌扁。

披薩皮／冷凍小披薩

材料

A. 中筋粉心粉1又1/2杯、全麥麵粉1又1/2杯、
　　黑糖2大匙、鹽1/2小匙、即溶酵母粉1小
　　匙、水1又1/4杯、橄欖油2大匙
B. 手粉適量、橄欖油少許、水1/2杯

做法

麵粉放在盆中，黑糖、鹽放一邊，即溶酵母放一邊，水由酵母處沖入，以筷子攪拌至不
見水分，加入橄欖油，揉成三光麵糰，即可收圓，加蓋靜置30分鐘。

發酵麵糰分成6等分，整圓靜置15分鐘。

桌面撒上手粉,將麵糰擀成6~7吋的圓片,排放在烤盤子上鬆弛5分鐘,內圈以叉子刺
洞。

4 / 平底鍋倒入少許油,再將油抹開。

5

移入平底鍋,第一面蓋鍋以中小火煎2分鐘,翻面加2大匙水,蓋鍋以中小火煮,搖鍋至
水分收乾,再下1小匙油,煎至底部金黃,即可取出放涼。亦可把烙熟的餅皮疊放包好,
放入冷凍保存,隨時取出即可製作披薩。

在放涼的披薩皮上抹上番茄醬，撒少許香料，放上各種自己喜好的配料，再撒上起司絲，食用時以烤箱烘烤，或在平底鍋加少許水蒸煎加熱即可。

跟著阿芳玩麵粉的心法筆記

　　還記得在《健康好生活》的節目中曾聊到讓醫生遺憾的事情，當時節目企劃希望阿芳能夠開出一道有快樂感的菜色，於是阿芳就以平底鍋烙餅皮的方法，示範了披薩。企劃收到我的菜單後，回了一個最大的讚，而節目播出後得到的迴響果真應驗了阿芳的想法──披薩真的是一個代表快樂的食物。只不過做披薩時，如果所有的工序從頭到尾一次完成，花的時間可能會多一些。在家裡面可以利用三杯麵粉的量，把披薩皮直接用鍋子快速烙熟，然後放涼、包妥，放入冷凍成為冷凍餅皮，讓餅皮保有最佳的口感，想吃披薩的時候再拿出來，不需解凍就可以直接在餅皮上做料，然後用鍋子加熱或放入烤箱烤熟，在最短的時間內享受出爐披薩的美味。抑或一次備好所有的料，直接分做出幾個披薩，用烘焙紙分隔疊好再包妥，放入冰箱冷凍保存，想吃的時候拿出來進烤箱一烤，省時方便又美味。

Pita口袋餅

材料

A. 中筋粉心粉2杯、全麥麵粉1杯、黑糖1大
   匙、鹽1小匙、即溶酵母粉1小匙、水1又1/4
   杯（強）、油1大匙
B. 手粉適量
C. 各項輕食蔬果材料一份

做法

1

A材料依基礎發酵麵糰的製法揉成光滑麵糰，加蓋發酵40分鐘。

2

取出麵糰分切為2份，每份搓洞整圓，切斷後搓成條狀，再分為7等分，2份共可做14個。

3

取麵糰，略按扁，在中心抹油，收口捏合包入空氣，桌板輕撒手粉，將麵糰收口向下擀成薄圓片。

4

平底鍋乾鍋加熱，改小文火，放入餅胚，煎至表面有泡泡，再翻另一面續煎，麵包快熟時即可見鼓大，可在漲氣點輕壓，把氣推壓至整個餅鼓透，再翻面略煎上色，即可盛出，放在架上置涼。

5 食用時取口袋餅，對剪，夾入各種輕食食材一起食用。

跟著阿芳玩麵粉的心法筆記

　　Pita口袋麵包是一種阿拉伯麵包，製作的過程十分有趣，可以用烤箱烤，也可以用平底鍋兩面翻煎，餅一熟就會鼓起來，方便快速且好玩極了！對切可以裝填食物，另外也可以把麵皮擀薄擀大，烙熟成餅捲配上烤肉生菜，又是一種好吃的方法。

重要技巧示範

麥仔煎

麥仔煎

材料

A. 中筋粉心粉1又1/2杯、高筋麵粉1又1/2杯、
   細砂糖3大匙、即溶酵母粉1小匙、水3杯

B. 泡打粉1/2小匙、小蘇打粉1/4小匙、沙拉油
   2大匙

C. 黑芝麻粉1/2杯、白砂糖1/2杯

做法

1

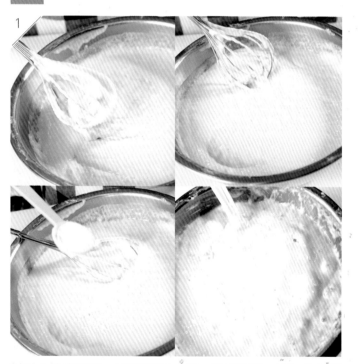

材料A拌成麵糊,加蓋靜置1小時,使其發酵。再加入材料
B調成勻糊狀。

2

C料拌成芝麻糖。

3

爐架架高，平底鍋加熱，均勻抹上一層薄油，倒入1/3的粉漿，以小火加蓋的方式，煎至表面呈現氣泡孔出頭，再鋪上芝麻糖餡，翻起一邊對折拍合，加蓋以小火略煎，即可關火。燜蓋2～3分鐘，回軟後取出切塊。

跟著阿芳玩麵粉的心法筆記

　　材料B中的油脂，目的是讓烘餅有脆感，但若要有更好的效果，可將鍋蓋傾斜蓋，露出一孔，或使用日式木頭鍋蓋，加快熟化的速度，才不會因為煎太久而乾化，上升的熱氣可直接從木頭蓋透氣，就不會產生水蒸氣，煎出的餅就會軟中帶脆。

　　麥仔煎需要以極小的文火煎，所以也可以把雙口瓦斯爐架相疊墊高，再放上鍋子，就可以把鍋子提高，增加受熱面積，火力相對也會小一些，餅就能烘得好吃。

銅鑼燒

材料

A. 蛋5顆、細砂糖3/4杯、蜂蜜3大匙
B. 低筋麵粉3杯、泡打粉2小匙、小蘇打粉1/4小匙
C. 水1杯、醬油1大匙
D. 奶油少許、蜜紅豆餡約3杯（做法參見P.137）

做法

1

材料A的蛋打入乾淨蛋盆，以打蛋器打至起泡，分次加入細砂糖、蜂蜜，打至蛋泡乳白綿密。

將材料B過篩加入，輕拌幾下，再加入材料C輕拌均勻。

不沾鍋開小火熱鍋，紙巾抹上奶油在鍋中擦拭，以湯匙舀麵糊入鍋成圓片狀，蓋鍋煎至表面起泡，翻面略煎後盛起。將全部餅漿都煎成餅皮。

4

取兩片餅皮相對，夾入紅豆餡，微涼後以袋子包妥定型，也能防止乾化。

跟著阿芳玩麵粉的心法筆記

要煎銅鑼燒這類厚餅，最好使用厚質有蓋的平底鍋，鍋熱後有儲熱性，再以小火加蓋煎，這樣餅皮上色快且均勻，加蓋又可讓水分不流失，餅皮材不會太乾。完成的銅鑼燒可以一個一個單獨包好，放進冷凍庫保存，退冰解凍後即可直接食用，比放在冷藏室保存更有保濕的好口感。

寸棗／蒜茸枝

材料

A. 高筋麵粉3杯、鹽1小匙、即溶酵母粉1小匙、水1又1/8杯、泡打粉1小匙、小蘇打粉1/2小匙、油2大匙

B. 白砂糖3/4杯、水1/4杯、油1小匙，各兩份

C. 油1小匙、蒜泥1/2小匙

做法

1

A料麵粉、鹽、即溶酵母粉放入盆中，加水攪拌至不見水分的麵穗狀，再撒入泡打粉、小蘇打粉稍微揉幾下，再加油揉成光滑三光狀，整圓加蓋靜置發酵40分鐘。

取出麵糰，不再揉麵，直接切為2份，先取1份從麵糰中央抓一個洞，以手握掉空氣後拉成環狀，再拆斷，略搓成長條，即可分切成14～15等分。

桌板上抹微量油脂。取麵段搓成筷子粗細的長條段，依序排列，加蓋靜置15～20分鐘。

另一份麵糰以同樣抓洞、拉環、拆斷、搓長的手法整成長條狀，切成14～15等分。（做法同步驟2、3。）取麵段搓成約30公分的細條。左手按住一端，右手搓麵條，產生轉紋，至開始旋扭狀態，即可對折雙股一起搓成麻花狀，收尾往回捏合，全部完成，排入另一個盤中，加蓋鬆弛20～25分鐘。

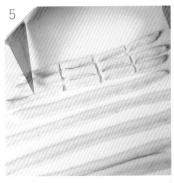

5 把做法3的麵條切為6～7 公分的段條。

油鍋空鍋預熱，加油熱至微熱即可改小火。把麵段投入油鍋中，以小火慢炸15分鐘，麵段變成質感脆硬的質地，並呈現偏紅的金黃色澤，即可撈出，離油的麵棗約5秒鐘即可呈現脫油現象。

麻花條亦可入鍋炸約15～18
分鐘，成脆硬但膨發、色澤
金黃偏紅色時撈出。

取不沾鍋，鍋內加入1份
B料，開小火煮沸，炒至
糖漿泡泡變細，滴糖液入
冷水中可呈圓粒糖珠，即
可熄火拌炒出香氣，並立
即把寸棗胚加入拌炒至掛
上糖漿，並不斷翻炒，即
可炒成掛上泛白糖衣的寸
棗。（煮糖水時，因有糖
有水及少量油脂，一定要
小心地不斷翻攪。）

9

原鍋洗乾淨，重複煮另1份糖漿，糖漿可在水中滴出糖球時，即可加入蒜泥炒香，再把麻花入鍋，快速翻拌掛上白糖漿，多拌幾下降低溫度即可見到翻白糖霜，即成蒜茸枝。

跟著阿芳玩麵粉的心法筆記

重要技巧示範

在傳統農業時代，孩子的點心總是媽媽利用家裡隨手取得的材料，信手拈來變化而出。家中材料不是米就是麵粉，稍做變化端出來的美食對孩子就具有莫大的吸引力。隨著時代變遷，許多舊時代的零食點心因為食物的多樣化而漸漸被遺忘。

這個寸棗和有著特別蒜茸香氣的麻花，除了年節時長輩會買回來當供品，可能大部分的人都忘記了它的滋味，也從來沒覺得它好吃。寸棗和蒜蓉枝是來自閩南的古早味，用的是一樣的麵體，一個切小段、一個捲麻花，記得一定要鬆弛足夠，讓它發酵鼓起才下鍋，以小火慢炸，這樣才可以鼓得鬆，然後還要有耐性地炸到麵體變脆，發出鏗鏗的響聲，以免離鍋回涼之後受潮變軟。如果炸得好，麵體離鍋後會在很短的時間內就形成離油的現象，完全不吸附多餘的油脂。

掛糖霜也是這個點心很有趣味的地方，由於不可能天天操作這樣的點心，所以阿芳建議把三杯麵粉做成一半寸棗、一半麻花，分別炒糖掛霜，這樣既能享受兩種口味，還讓掛霜翻鍋的難度降低。

陝西涼皮／麵筋

材料

A. 高筋麵粉3杯、鹽1小匙、冷水1又1/4杯

B. 清水3盆、油適量、金屬平盤2個

做法

1　高筋麵粉加鹽、水一起揉成光滑糰狀，加蓋靜置10分鐘，再揉2分鐘至細緻光滑，加蓋鬆弛10分鐘。

2

取一盆清水，放入麵糰揉洗，至水變成濃牛奶色，洗出的麵粉水留下，再換另一盆清水清洗麵糰至呈現棉花狀，即可邊洗邊按成片狀麵筋糰。

洗出的麵粉水集中靜置3～4小時沉澱，麵筋糰放在平盤上灌水浸泡30分鐘，即可使麵筋更Q彈光滑。

取一瓷盤抹油，放上麵筋糰，倒去水分，即可入鍋蒸約12～15分鐘，出鍋放涼，即為熟麵筋，可切小丁塊搭配涼粉。

沉澱後的粉水，倒去上層清水，留下底部沉澱的澱粉及上方約1公分的清水，調勻即為涼皮粉漿。

6

炒鍋煮開一鍋水，改中火，金屬盤刷上一層油，放在沸水鍋上，淋上半杯粉漿，略搖勻，即可蓋鍋大火蒸煮1分鐘。

7

準備一盆冰塊水。開鍋取出蒸熟涼皮，連盤放在冰塊水上冰鎮降溫。

8 / 另一盤亦塗油放入鍋中，淋上半杯粉漿蓋蒸。

9

降溫後的涼皮，表面先擦上一層薄油，即可取下鋪在盤上，如此兩盤交替完成，撕下涼皮疊放冷卻後，用袋子包好避免風乾。

10

完成涼皮可切成條狀，搭配麵筋、黃瓜絲、皮蛋，淋上麻醬、蒜水、醬油、辣油渣，即為陝西涼粉。

跟著阿芳玩麵粉的心法筆記

　　如果要說吃麵吃得精，陝西人絕對數一數二，同樣的三杯麵粉，在陝西人的手中真的叫做出神入化，麵粉揉水成麵糰，做成餅、麵條、餃子皮已經不稀奇，他們還會把加水的麵糰丟進水裡大洗特洗，洗成一團棉花，神奇地把麵粉中的澱粉和蛋白質分離；那一團像棉花的麵絮，就是我們說的中筋、低筋、高筋麵粉中那個「筋」字所寓意的蛋白質。

　　而在盆中留下如牛奶色一般的洗麵糰水，輕易地就把所有麵粉中的澱粉溶出，只要靜置3～4個小時，就可以沉澱出澄淨的無筋麵粉，也就是我們常常聽到的澄粉。（台灣氣候炎熱，澱粉溶在水裡，沉澱的時間最好在3～4小時內，過長容易發酵變質，要不就要放在冰箱冷藏沉澱。）倒掉多餘的清水，留下濃濃的澄粉漿，便蒸出了陝西最有名的「涼皮」，搭配上好吃的蒜泥水、芝麻醬及瓜絲和辣油，放上蛋白質豐富的植物肉，也就是蒸熟的麵筋，實在是把吃麵這一件事做到了極致。

　　蒸涼皮要直接把蒸盤放在水面上，藉由水平的效果就可以蒸出厚薄一致的涼皮，兩個盤交錯進行，抓到節奏做起來十分有趣，最重要的是完成後調上一碗美味的醬汁，成就一碗陝西涼皮。學會製作，你也會是最棒的玩麵人。

重要技巧示範

麵排骨（素排骨）

麵排骨（素排骨）

材料

A. 高筋麵粉2又1/2杯、水3/4杯（強）、鹽1/2
   小匙
B. 全麥麵粉1/2杯
C. 清水1大盆

調味料

鹽1/2小匙、黑胡椒粒1/2小匙、香油1大匙

做法

1／ A料揉成光滑麵糰，加蓋靜置15分鐘。

2

把麵糰泡入清水中，輕手以按揉方式洗去部分澱粉，至看見麵糰的麵筋質地。

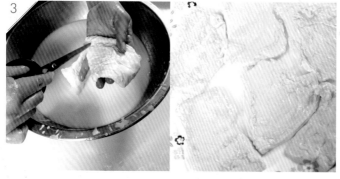

3

將麵片以剪刀剪成7～8等
分。

4

調味料拌勻，將麵片放入調味料中沾勻，再沾上全麥麵粉，按扁成素排骨麵片。

5

平底鍋熱少許油，放入素肉片，兩面煎至金黃香酥狀，即為麵排骨。

煎好的麵排骨可以撒上椒鹽、搭配炒酸菜提味食用。（亦可加上各種不同風味的滷汁燒煮一下，即有不同風味變化。）

跟著阿芳玩麵粉的心法筆記

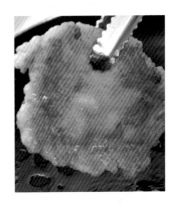

麵排骨是麵還是肉呢？一方水土養活一方人，從生活環境中可取得的食材，供給人體需求的不同營養，是很自然的一件事。北方土地生長麥子雜糧為多，麥子收成磨成麵粉，麵粉中除了澱粉，最重要的是植物性蛋白質，利用一點技巧降低麵糰中的澱粉量，相對也就提高麵糰的筋性，煎出來的麵排自然會多了一份彈性口感，也是阿芳在素食料理中常運用的手法。

完整做法影片

如果不喜歡市面上不少素食材料常添加過多人工香精，可應用這樣的方法做出具有口感、不含人工香精的素食基材，煎熟後還可切成不同型態，搭配不同的食材及烹調手法，做出口味更多元的料理，這也是這道簡單實用的麵排骨最棒的地方。

阿芳的新三杯麵粉

作　　　　者／蔡季芳
責 任 編 輯／陳玳妮
版　　　　權／黃淑敏、翁靜如

行 銷 業 務／莊英傑、李衍逸、黃崇華
總 　 編 　 輯／楊如玉
總 　 經 　 理／彭之琬
事業群總經理／黃淑貞
發 　 行 　 人／何飛鵬
法 律 顧 問／元禾法律事務所 王子文律師
出　　　　版／商周出版
　　　　　　　城邦文化事業股份有限公司
　　　　　　　台北市中山區民生東路二段141號4樓
　　　　　　　電話：(02) 2500-7008 傳真：(02) 2500-7759
　　　　　　　E-mail：bwp.service@cite.com.tw
發 　 　 　 行／英屬蓋曼群島商家庭傳媒股份有限公司城邦分公司
　　　　　　　台北市中山區民生東路二段141號2樓
　　　　　　　書虫客服服務專線：02-25007718．02-25007719
　　　　　　　24小時傳真服務：02-25001990．02-25001991
　　　　　　　服務時間：週一至週五09:30-12:00．13:30-17:00
　　　　　　　郵撥帳號：19863813　戶名：書虫股份有限公司
　　　　　　　讀者服務信箱E-mail：service@readingclub.com.tw
　　　　　　　歡迎光臨城邦讀書花園　網址：www.cite.com.tw

香 港 發 行 所／城邦（香港）出版集團有限公司
　　　　　　　香港灣仔駱克道193號東超商業中心1樓
　　　　　　　Email：hkcite@biznetvigator.com
　　　　　　　電話：（852）25086231　傳真：（852）25789337

馬 新 發 行 所／城邦（馬新）出版集團 Cite (M) Sdn. Bhd.
　　　　　　　41, Jalan Radin Anum, Bandar Baru Sri Petaling,
　　　　　　　57000 Kuala Lumpur, Malaysia
　　　　　　　電話：（603）90578822　傳真：（603）90576622

封 面 設 計／李東記
攝　　　　影／謝文創攝影工作室
製 作 協 力／陳宜萍、蔡孟潔
排　　　　版／張瀅渝
印　　　　刷／卡樂彩色製版印刷有限公司
總 　 經 　 銷／聯合發行股份有限公司
　　　　　　　電話：(02)2917-8022　傳真：(02)2911-0053
　　　　　　　地址：新北市231新店區寶橋路235巷6弄6號2樓

2019年05月07日初版　　　　Printed in Taiwan
2021年08月18日初版24刷
□定價／499元

阿芳的新三杯麵粉　　蔡季芳 著
初版. -- 臺北市：商周出版：家庭傳媒城邦分公司發行
2019.05　面；　公分
ISBN 978-986-477-638-2（精裝）
1.點心食譜 2.麵食食譜

427.16　　　　　　　　　　　　　108002770

城邦讀書花園
www.cite.com.tw